国家级实验教学示范中心系列规划教材

普通高等院校机械类“十三五”规划实验教材

机械工程测控技术实验教程

JIXIE GONGCHENG CEKONG JISHU SHIYAN JIAOCHENG

主 编 蒙艳玫 陆冠成 唐治宏 董 振

华中科技大学出版社
http://press.hust.edu.cn
中国·武汉

内容提要

本书是在总结多年实验教学经验的基础上，基于国家级实验教学示范中心和国家级虚拟仿真实验教学中心——广西大学机械工程实验教学中心的开放式实验教学体系架构编写而成的。本书系该中心教材建设中的系列教材之一。

本书主要包括机械工程控制基本理论、综合设计实验和网络化远程测控实验三部分内容。本书既适用于实验教学与理论教学同步进行的教学，也适用于实验课程单独开设的教学和开放性实验的指导，并通过网络化远程测控实验实现24小时完全开放教学。

本书设置多类综合实验，以帮助读者领悟与学会应用控制工程技术、测试技术和检测技术来解决实际工程问题，为实验教学面向工程实际应用奠定必要基础。

本书既可作为高等工科院校机械工程类、自动化类以及其他与测控相关专业的实验教材，特别是机械设计制造及其自动化和机械电子工程专业的实验教材，也可作为相关人员教学、科研及实验工作的参考书。

图书在版编目(CIP)数据

机械工程测控技术实验教程/蒙艳玫等主编. —武汉：华中科技大学出版社，2018.9（2024.7重印）
普通高等院校机械类“十三五”规划实验教程
ISBN 978-7-5680-3721-1

Ⅰ.①机… Ⅱ.①蒙… Ⅲ.①机械工程-计算机控制系统-实验-高等学校-教材 Ⅳ.①TP273-33

中国版本图书馆CIP数据核字(2018)第144826号

机械工程测控技术实验教程
Jixie Gongcheng Cekong Jishu Shiyan Jiaocheng

蒙艳玫 陆冠成 唐治宏 董 振 主编

策划编辑：万亚军
责任编辑：吴 晗
封面设计：潘 群
责任校对：何 欢
责任监印：周治超
出版发行：华中科技大学出版社（中国·武汉） 电话：(027)81321913
武汉市东湖新技术开发区华工科技园 邮编：430223
录 排：武汉楚海文化传播有限公司
印 刷：广东虎彩云印刷有限公司
开 本：787mm×1092mm 1/16
印 张：10.5 插页：2
字 数：279千字
版 次：2024年7月第1版第3次印刷
定 价：35.00元

前　言

实验是科学技术创新的重要手段，也是理论面向实际应用的重要途径，在现代科学活动中运用实验技术具有非常重要的意义。在技术发明和改进中，实验是检验新设想和新方法的重要手段，是理论转为实际应用的重要法宝，对科学技术发展具有非凡意义。

目前人类正以惊人的速度走出工业文明，步入信息时代和新型技术时代，迫切需要复合型和工程应用型人才。这种发展新趋势对人才提出了新要求，即不仅要具备学科理论知识，还应具备知识综合运用能力、创新实践能力和工程实践能力。实验教学是理论联系实际的重要环节，是培养学生动手能力、创新能力、综合分析问题能力、综合运用知识能力和解决实际问题能力的重要途径。在高等院校教学中，实验教学是一个必不可少的实践环节。培养学生掌握科学实验的基本方法和技能，不但是实验教学的基本目标，而且对培养具有创新精神和实践能力的高级人才具有重要意义。

机械工程控制实验、测试技术实验以及相关的检测技术实验是高等院校测控实验的核心实验内容的一部分，对培养学生的工程实践能力、科学实践能力、创新设计能力和动手能力起着重要作用。为了满足社会需求，培养学生从验证理论知识扩展到应用知识，从知识的基础运用到面向实际工程运用，从模仿设计上升到独立思考和创新设计，从单一设计拓宽到综合设计的能力，我们在总结多年实验教学经验的基础上，基于国家级实验教学示范中心和国家级虚拟仿真实验教学中心——广西大学机械工程实验教学中心的“虚实结合”实验教学体系架构，编写了本书。本书力求在完成机械工程控制基础和测试技术等课程实验的前提下，更多地结合工程实际应用，设置多类综合实验，以帮助读者领悟与学会应用控制工程技术、测试技术和检测技术来解决实际工程问题，为实验教学面向工程实际应用奠定必要基础。

本书是广西大学机械工程实验教学中心组织出版的系列实验教材之一，主要包括基本理论、综合实验和网络化远程测控实验。基本理论主要包括机械工程控制基础、机械工程测试技术基础等。综合设计实验主要包括控制系统校正设计与仿真实验、调速控制系统设计与仿真实验、机械振动系统固有频率的测量实验等内容。网络化远程测控实验主要包括基于 LabVIEW 的网络远程测控实验和“虚实结合”网络远程测控实验。本书既可作为高等工科院校机械工程类、自动化类以及其他与测控相关专业的实验教材，特别是机械设计制造及其自动化和机械电子工程专业的实验教材，也可作为相关人员教学、科研及实验工作的参考书。

在本书的编写过程中，编者参阅了以往其他版本的同类教材、资料及文献，并得到了同行多位专家的支持和帮助，在此衷心致谢。

由于编者水平有限，书中难免有疏漏和错误，诚请读者批评指正，以求改进。

编　者

2015 年 6 月

主要符号说明

符号	说明
$L[\ ]$	Laplace 变换
$F[\ ]$	Fourier 变换
$x_i(t)$	输入(激励)
$x_o(t)$	输出(响应)
$X_i(s)$	$L[x_i(t)]$
$X_o(s)$	$L[x_o(t)]$
$X_i(j\omega)$	$F[x_i(t)]$
$X_o(j\omega)$	$F[x_o(t)]$
$\delta(t)$	单位脉冲函数
$u(t)$	单位阶跃函数
$r(t)$	单位斜坡函数
$w(t)$	单位脉冲响应函数
$G(s)$	传递函数或者前向通道传递函数
$H(s)$	反馈回路传递函数
$G(j\omega)$	频率特性
$H(j\omega)$	反馈回路频率特性
$B(s)$	闭环系统反馈信号
$G_K(s)$	系统的开环传递函数
$G_B(s)$	系统的闭环传递函数
$G_K(j\omega)$	系统的开环频率特性
$G_B(j\omega)$	系统的闭环频率特性
$n(t)$	干扰信号
$N(s)$	$L[n(t)]$
n	单独使用时一般表示转速
ω	角速度
T	时间常数或者时间
τ	延迟时间或者时间
$\dot{x}$	x 的一阶导数
$\ddot{x}$	x 的二阶导数

符号	说明
ω_n	无阻尼固有频率
ω_d	有阻尼固有频率
ω_T	转角频率
ω_g	相位相交频率
ω_c	增益交接频率或剪切频率
ω_b	截止频率
ω_r	谐振频率
ξ	阻尼比
M_r	相对谐振峰值
M_p	超调量
K_g	增益裕度
γ	相位裕度
$\varepsilon(t)$	偏差
$E(s)$	$L[\varepsilon(t)]$
$e(t)$	误差
$E_1(s)$	$L[e(t)]$
u	一般表示电压
i	一般表示电流
j	虚数单位,$j^2=-1$
f_s	采样频率
$x^*(t)$	$x(t)$采样后的时间序列
R	电阻
C	电容
L	电感
K	增益或放大系数
m	质量
g	重力加速度
F	力
J	扭矩或者惯性矩

目　　录

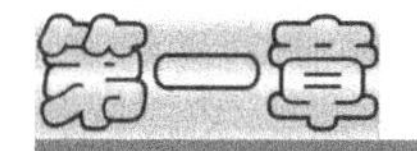

基本理论

第一节　机械工程控制基础

1.1.1　控制工程概述

在科学技术迅猛发展的当代社会，控制论作为一门系统理论，已越来越为人们所重视。由控制论所阐明的各种控制作用和方法，不但对科学技术的发展产生了显著的影响，而且也为规划社会经济活动和其他领域的发展提供了一种先进的科学研究手段。可以预料，随着社会的发展和科学文明的进步，控制论作为一门新兴的学科，必将发挥其日益重要的作用。

控制论与工程技术的结合，便产生了"工程控制论"；而控制论与机械工程的结合，则产生了"机械控制工程"这门新的学科。由于当前机械制造技术正朝着高度自动化方向发展，各种先进的自动控制加工系统不断涌现，过去那种只侧重于局部和静态的机械研究方法已经不再适用于当下的发展情况。事实上，即使是对过去那种普通的机械加工过程，也不能孤立地只去研究速度和频率的选择。因为在整个加工过程中，实际上存在着一种动力的传递过程，也就是说，这实际上是一个动力系统在工作。从这一点出发，我们可以把机械制造技术归纳到动态系统的范围内来加以研究。"机械控制工程"这门学科正是抓住问题的本质，将机械加工过程各个环节的组合看作是一个系统，因而就可以从控制论的角度来研究和解决加工中所出现的各种技术问题。

控制理论发展初期，众多杰出的学者做出了重大贡献。1788 年英国科学家詹姆斯·瓦特(James Watt)为控制蒸汽机速度而设计的离心调解器，可以誉为自动控制领域的第一项重大成果。为了克服当时调解器的震荡现象，麦克斯韦(James Clerk Maxwell)于 1868 年开始对微分方程系统稳定性进行分析，后来又有劳斯(E. J. Routh)和霍尔维茨(A. Hurwitz)分别于 1874 年和 1895 年对稳定性的研究成果。1892 年，李雅普诺夫对调解鲁伦做出了重大贡献，提出了几个重要的稳定性判断。1922 年麦纳斯基(Minorsky)研制出船舶操纵自动控制器，验证了从描述系统的微分方程到确定系统稳定性的方法。1932 年奈奎斯特(Nyquist)提出了一种可以根据稳态正弦输入的开环响应确定闭环系统稳定性的简便方法。1934 年，海森(H. L. Hazen)提出了用于位置控制系统的伺服机构概念。

为了设计出满足性能指标要求的线性闭环控制系统，20 世纪 40 年代发展了系统的频域分析方法，它是在奈奎斯特、伯德(H. W. Bode)等早期的关于频域研究工作的基础之上建立起来的。1942年，哈里斯(Harris)提出传递函数的概念并首次将频域分析方法应用到了控制领域，构成了控制系统频域法理论研究的基础。20世纪40年代末到50年代初，伊万思(W. R. Evans)提出并完善了线性反馈系统的根轨迹分析技术，成为另一个里程碑。

频域分析法和根轨迹法是经典控制理论的核心。采用这两种方法能设计出稳定的并满足一定性能指标要求的系统。但是，通过这两种方法设计出的系统还不是最优秀的。因此，从20世纪50年代开始，控制系统设计问题的重点转移到最优系统的设计上。原苏联学者庞特里亚金(Pontryagin)于1956年提出的极大值原理，贝尔曼(R. Richard Bellman)于1957年提出的动态规划和卡尔曼(Rudolf Emil Kalman)于1960年提出的状态空间分析技术开创了控制理论研究的新篇章，他们的理论当时被统称为"现代控制理论"。从那个时期以后，控制理论研究中出现了线性二次最优调节器(Kalman，1959)、最优状态观测器(Kalman，1960)以及线性二次型高斯问题的研究(Linear Quadric and LQG)。

从1960到1980年这段时间，人们对确定系统和随机系统的最优控制，复杂系统的自适应控制和学习控制进行了充分的研究。大约从1960年起，电子计算机开始应用于控制系统的研究和设计。

从1980年到现在，现代控制理论的研究主要集中于鲁棒控制(Robust control)、H∞控制以及相关的课题，其中鲁棒控制是控制系统设计中一个令人瞩目的研究领域。1981年，美国学者查莫斯(Chalmers)提出了基于哈代(Hardy)空间范数最小化方法的鲁棒最优控制理论。1992年多伊尔(Doyle)等人提出了最优控制的状态空间数值法，为该领域的发展做出了重要的贡献。目前，自动控制理论正向以控制论、信息论和人工智能为基础的智能控制理论方向发展；同时，由于大规模信息网络管理控制的需要，自动控制理论也向大系统控制理论方向前进。

1.1.2 控制系统基本原理

1. 控制系统基本概念

控制论是在研究系统工作原理的基础上建立起来的。而系统工作原理的中心问题，则是系统中的控制问题。所谓"控制"，又有主动干预、管理和操纵之意，具体来说，就是指人或能代替人的机械使被控对象按照给定的条件来动作。工程上一般把上述的"人或能代替人的机械"称为控制装置。

所谓被控对象，广义地可指生物体、经济或社会的某些部门，在工程上则一般是指工作状态(或者生产过程)需要给予控制的生产机械或技术装置；而表征被控对象工作状态的参量(物理量或化学量)则称为被控量。由控制装置与被控对象所组成的总体就称为控制系统。被控对象可以是很复杂、很庞大的生产机械或科技设施，如轧钢机、电冶炉、发电机组、化工反应塔、船闸、舰艇、飞机、火炮群、雷达、天文望远镜、机床；也可以是很小的机构，如记录笔、电位器、摄像机磁头等。被控量可以是对被控对象的转速、角位移、进给量、温度、电压、频率、功率，也可以是流量、压强、pH值等。

控制装置也常称为控制器或自动调节器，它一般具有信号的测量、变换、运算、放大和执行等功能。但对于一个具体的系统来说，承担某一功能可能需要一个部件或较为复杂的装置，也可以是一个简单的元件或部件就能具备几种功能。

我们以简单的水箱液位控制系统为例，来阐述控制系统的一般概念。在人们的生活中经常见到水箱这种装置。传统的水箱示意图如图 1-1-1 所示，水箱由进水阀、出水阀、浮子和杠杆等组成，是一个恒定水位输出的自动控制装置。通过调整杠杆和浮子之间的位置关系，就可以调整水箱的水位。

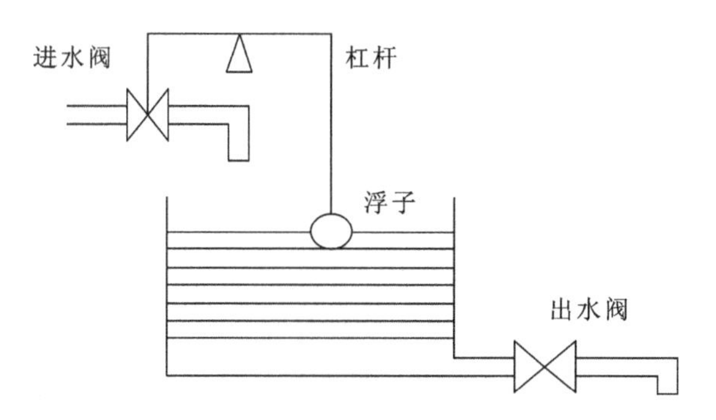

图 1-1-1 水箱液位控制系统

当打开出水阀放出水箱中的水并关闭出水阀后，浮子的位置将下降，通过杠杆的传递，进水阀将被开启；开启进水阀后，通过进水管道向水箱注水；随着水位的升高，浮子在浮力的作用下不断升高，当水位达到设定的水位高度时，浮子将达到设定的高度，通过杠杆的传递作用，进水阀被关闭。这时，水箱中就注入了设定水位高度的水。

如图 1-1-1 所示的水箱液位控制系统是由以下四个部分所组成：

被控对象——水箱液位；

测量元件——浮子；

比较机构——求水箱期望水位和实际位置之差；

执行元件——直接驱动被控对象，以改变被控制量。这个部分也是一般自动控制系统的基本单元。此外，当检测信号与给定信号比较后得到的误差信号不足以使执行元件动作时，一般都需要加放大元件，以提高系统的控制精度。为了改善控制系统的动、静态性能，通常还在系统中加上了某种形式的校正装置。

为了使控制系统的表示既简单又明了，在控制工程中一般采用方框表示系统中的各个组成部件，在每个方框中填入它所表示的部件名称或其功能函数的表达式，不必画出它们的具体结构。根据信号在系统中的传递方向，用有向线段依次把它们连接起来，就得到整个系统的框图。控制系统的框图由以下三个基本单元所组成。

引出点：见图 1-1-2(a)，表示信号的引出，箭头表示信号的传递方向。

比较点：见图 1-1-2(b)，表示两个或两个以上的信号在该处进行减或加的运算，减号表示信号相减，加号表示信号相加。

部件的方框：如图 1-1-2(c)所示，输入信号置于方框的左端，方框的右端为其输出量，方框中填入部件的名称。

据上所述，控制系统的组成一般可用图 1-1-3 所示的框图来表示。

参照图 1-1-3，将控系统中常用术语介绍如下。

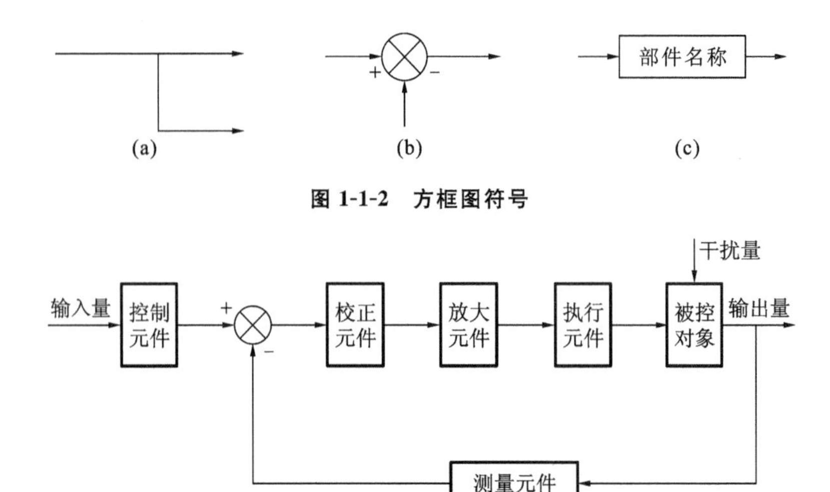

图 1-1-2 方框图符号

图 1-1-3 控制系统的组成

输出量(即被控量,又称被控参量):最终控制的目标值。

给定量(又称控制量):依设计要求与输出量相适应的预先给定信号。

干扰量(又称扰动量):引起输出量变化的各种外部条件(如电源电压的波动或负载的变化等)和内部条件(如系统中某些元件的变化等)。应当指出,干扰量属于一种偶然的无法人为控制的随机输入信号。

输入量:控制量与干扰量的统称,但在一般情况下多指控制量。

反馈量:由输出端引回到输入端的信号。

偏差量:控制量与反馈量之差值。

误差量:实际输出量与希望输出量之差值。

2. 控制系统基本控制方式

自动控制系统有两种最基本的控制方式,即开环控制和闭环控制。复合控制是将开环控制和闭环控制适当结合的控制方式,可用来实现复杂且控制精度较高的控制任务。

所谓开环系统,就是输出端与输入端之间没有反馈通道的系统。其一般形式如图 1-1-4 所示。

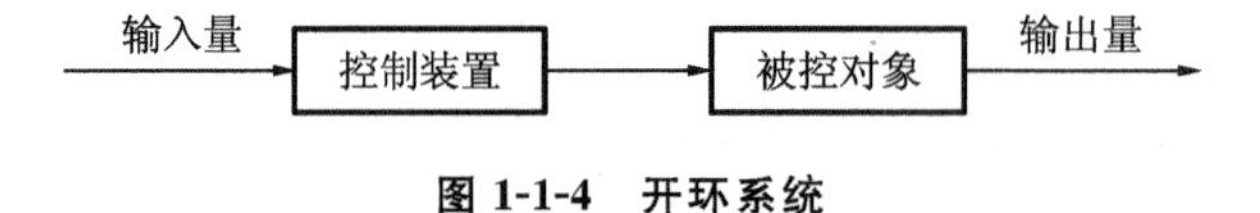

图 1-1-4 开环系统

由图 1-1-4 可以看出,开环系统的输出量对系统的控制作用是没有影响的。因此,一旦输出量确定后,系统的工作状态(如速度、位移等)亦即随之确定。当然,假如系统受到干扰的影响,输出量就会偏离规定值而产生误差,使控制目标难以实现。所以,在一些生产工艺要求较高的控制系统中不宜采用开环控制。但开环控制系统结构比较简单,成本低,故在很多场合下还是得到广泛的应用。如家庭洗衣机和交通管理系统的控制。

闭环系统,就是输出端与输入端之间有反馈通道的系统。如图 1-1-3 所示的框图就是闭环系统。其一般形式也可用图 1-1-5 表示。

由于闭环系统有反馈,所以其输出量对系统的控制作用有着直接的影响。在这种系统中,输入量与反馈量比较后所产生的偏差,就是系统的控制信号。因此,输出量的变化将会直接影

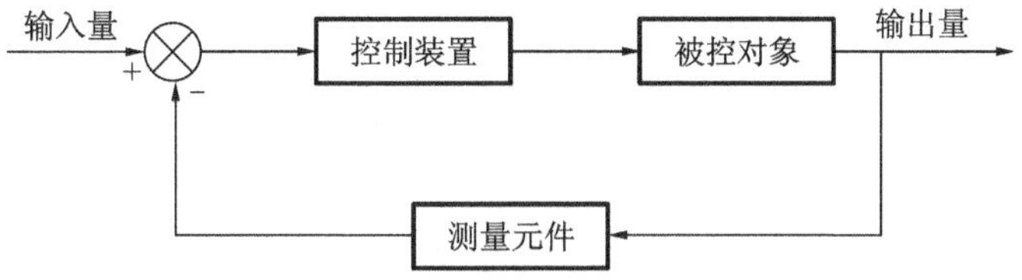

输入量 控制装置 被控对象 输出量
测量元件

图 1-1-5 闭环系统

响到系统的工作状态。然而，正是由于这一点，使闭环系统具有自动“纠缠”的作用，即当系统受到干扰影响而产生误差时，闭环系统能使这种误差减小到最低程度；当然，也正是由于闭环系统有反馈，所以若系统中的元件有惯性或者参数匹配不当，则系统容易产生振荡或不稳定。因此，在设计闭环系统时，要着重考虑其稳定性问题。总的来说，由于闭环系统具有“抑制干扰，减小误差”的作用，故其工作精度较高。目前在工程上使用的控制系统，大多属于闭环系统。

3. 控制系统基本要求

(1) 稳定性。受扰动作用前系统处于平衡状态，受扰动作用后系统偏离了原来的平衡状态，如果扰动消失以后系统能够回到受扰以前的平衡状态，则称系统是稳定的。如果扰动消失后，系统不能够回到受扰以前的平衡状态，甚至随时间的推移对原来平衡状态的偏离越来越大，这样的系统就是不稳定的系统。稳定是系统正常工作的前提，不稳定的系统是无法应用的。

(2) 准确性。它是对稳定系统稳态性能的要求。稳态性能用稳态误差来表示，所谓稳态误差，是指系统达到稳态时被控量的实际值和希望值之间的误差，误差越小，表示系统控制精度越高。一个暂态性能好的系统既要过渡过程时间短(快速性)，又要过渡过程平稳、振荡幅度小(平稳性)。

(3) 快速性。这是对稳定系统暂态性能的要求。因为控制系统总是存在惯性，致使系统在扰动给定量发生变化时，被控量不能突变，要有一个过渡过程，即暂态过程。这个暂态过程的过渡时间可能很短，也可能经过一个漫长的过渡达到稳态值，或经过一个振荡过程达到稳态值，这反映了系统的暂态性能。

1.1.3 系统的数学模型

控制系统数学模型的建立方法主要有理论建模和实验建模两种方法。作为线性系统数学模型的理论建模形式，常用的有解析法和图解法。

1. 微分方程式

- 基本方法
  - 直接列写法
    - 原始方程组
    - 线性化
    - 消中间变量
    - 化标准形
  - 转换法
    - 传递函数 $\dfrac{C(s)}{R(s)}=\dfrac{M(s)}{N(s)}\rightarrow C(s)=\dfrac{M(s)}{N(s)}R(s)\rightarrow N(s)C(s)=M(s)R(s)$ $\xrightarrow{L^{-1}} N(p)c(t)=M(p)r(t)\xrightarrow{p=\frac{d}{dt}}$ 微分方程
    - 结构图→传递函数→微分方程
    - 信号流图→传递函数→微分方程

- 应用
  - 方程求解　掌握拉氏变换法求解微分方程
    - 零状态解
    - 零输入解
  - 常用重要例题建模
    - 电枢控制直流电动机
    - 磁场控制直流电动机
    - 直流电动机调速系统

2. 传递函数

- 基本概念
  - 定义　比值$\frac{C(s)}{R(s)}$
    - 线性定常系统
    - 零初始条件
    - 一对确定的输入输出
  - 微观结构
    - 零点
    - 极点
    - 传递函数
    - （零极点分布图与运动模态对应）
  - 典型环节
    - 标准解析式
      - 方程式
      - 传递函数
    - 零极点分布图
    - 单位阶跃响应特性
- 基本方法
  - 定义法　由微分方程$\xrightarrow{s\rightarrow\frac{d}{dt}}$传递函数
  - 图解法
    - 由结构图$\xrightarrow{\text{化简}}$传递函数
    - 由信号流图$\xrightarrow{\text{梅逊公式}}$传递函数
- 常用重要公式及传递函数
  - 公式
    - $G(s)=\frac{G_{前}}{1\pm G_K}$（适用于单回路）
    - $G(s)=\frac{G_{前}}{1-\sum L_a}$（适用于回路两两交叉）
  - 重要传递函数
    - 控制输入下：$G_r(s)=\frac{C(s)}{R(s)}$，$G_{er}(s)=\frac{E(s)}{R(s)}$
    - 扰动输入下：$G_d(s)=\frac{C(s)}{D(s)}$，$G_{ed}=\frac{E(s)}{D(s)}$

3. 结构图

- 基本概念
  - 数学模型结构的图形表示
  - 可用代数法则进行等效变换
  - 构图基本元素 4 种（方框、相加点、分支点、支路）
- 基本方法
  - 由原始方程组画结构图
  - 用代数法则简化结构图
    - 串联相乘
    - 并联相加
    - 反馈连接$=\frac{前向}{1+开环}$
    - 相加点和分支点移位
  - 由梅逊公式直接求传递函数

注意：

（1）相加点与分支点相邻，一般不能随便交换。

（2）等效原则 $\begin{cases}\text{前向通路的传递函数乘积保持不变}\\\text{各回路中传递函数乘积保持不变}\end{cases}$

（3）结构图可同时表示多个输入与输出的关系，并可以由图直接写出任意多个输入下的总响应。如：运用叠加原理，当给定输入和扰动输入同时作用时，则有 $C(s)=G_r(s)R(s)+G_d(s)D(s)$。

（4）四种模型之间的转换关系可用图 1-1-6 表示：

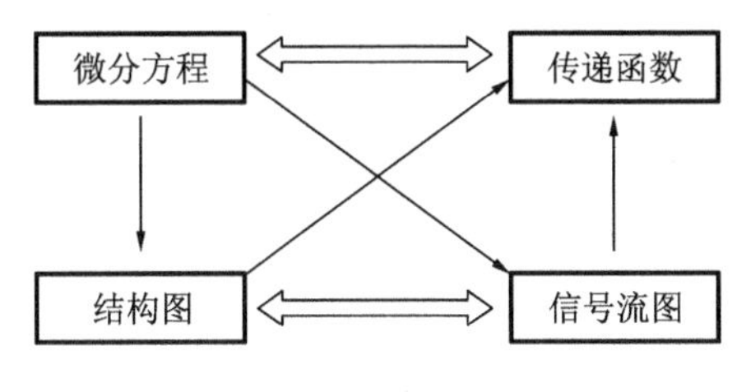

图 1-1-6 模型转换

1.1.4 控制系统的时域分析

时域分析法是通过直接求解系统在典型输入信号作用下的时间响应，来分析控制系统的稳定性和控制系统的动态性能及稳态性能的方法。工程上常用单位阶跃响应的超调量、调节时间和稳态误差等性能指标评价系统的优劣。许多自动控制系统经过参数整定和调试，其动态特征往往近似于一阶或二阶系统。因此一、二阶系统的理论分析结果，常是高阶系统分析的基础。

时域分析法的基本方法是拉氏变换法：

$$\text{结构图}\longrightarrow\Phi(s)=\frac{C(s)}{R(s)}\longrightarrow C(s)=\Phi(s)R(s)\longrightarrow c(t)=L^{-1}[C(s)]$$

1. 时域分析

1）一阶系统的时域分析

一阶系统的动态特性用一阶微分方程描述。一阶系统只有一个结构参数，即其时间常数 T。时间常数 T 反映了一阶系统的惯性大小或阻尼程度。一阶系统的性能由其时间常数 T 唯一决定，而一阶系统的时间常数 T 可由实验曲线求出。

2）二阶系统的时域分析

二阶系统的性能分析在自动控制理论中有着重要的地位。二阶系统含有两个结构参数，即阻尼比 ξ 和无阻尼振荡频率 ω_n。阻尼比 ξ 决定着二阶系统的响应模态。当 $\xi=0$ 时，系统的响应为无阻尼响应；当 $\xi=1$ 时，系统的响应称为临界阻尼响应；当 $\xi>1$ 时，系统的响应为过阻尼响应；当 $0<\xi<1$ 时，系统的响应为欠阻尼响应。欠阻尼工作状态下，合理选择阻尼比 ξ 的值，可使系统具有令人满意的动态性能指标。其动态性能指标有 M_p、t_r、t_p、t_s，这些指标一方面可以从响应曲线上读取，另一方面只要已知 ξ、ω_n，就可以根据 M_p、t_r、t_p、t_s 与 ξ、ω_n 相应的关系求出。

2. 稳态误差

稳态误差是系统很重要的性能指标，它标志着系统最终可能达到的控制精度。稳态误差定义为稳定系统误差信号的终值。稳态误差既和系统的结构及参数有关，也取决于外作用的形式及大小。

稳态误差可应用拉氏变换的终值定理计算,步骤如下:①判别系统的稳定性。只有对稳定的系统计算其稳态误差才有意义。②根据误差的定义求出系统误差的传递函数。③分别求出系统对给定和对扰动的误差函数。④用拉氏变换的终值定理计算系统的稳态误差。要注意,终值定理的使用条件为误差的相函数在右半 s 平面及虚轴上(原点除外)。系统稳定是满足终值定理使用的前提条件。如果误差函数在右半 s 平面及虚轴上不解析,只能应用定义计算稳态误差。

对三种典型函数(阶跃、斜波、抛物线)及其组合外作用,也可利用静态误差系数和系统的型数计算稳态误差。

采用具有对给定或对扰动补偿的复合控制方案,理论上可以完全消除系统对给定或扰动量的误差,实现输出对给定量的准确复现。但工程上常根据输入信号的形式实现给定无稳态误差的近似补偿。

1.1.5 控制系统的频域分析

(1) 频率特性是线性系统(或部件)在正弦函数输入下,稳态输出与输入之比与频率的关系,概括起来即为同频、变幅、相移。它能反映动态过程的性能,故可视为动态数学模型。

频率特性是传递函数的一种特殊形式。将系统传递函数中的 s 换成纯虚数 $j\omega$ 就得到该系统的频率特性。

频率特性可以通过实验方法确定,这在难以写出系统数学模型时更为有用。

(2) 开环频率特性可以写成因式形式的乘积,这些因式就是典型环节的频率特性,所以典型环节是系统开环频率特性的基础。典型环节包括:比例环节、积分环节、微分环节、惯性环节、一阶微分环节、振荡环节、二阶微分环节和延迟环节。

(3) 开环频率特性的几何表示方法:开环极坐标图和开环伯德图。

①开环极坐标图的绘制。由开环极点-零点分布图,正确地确定出起点、终点以及与坐标轴的交点,即可绘制出开环极坐标草图。

②开环伯德图的绘制。先把开环传递函数化为标准形式,求每一典型环节所对应的转折频率,并标在 ω 轴上;然后确定低频段的斜率和位置;最后由低频段向高频段延伸,每经过一个转折频率,斜率作相应的改变。这样很容易地绘制出开环对数幅频特性渐近线曲线,若需要精确曲线,只需在此基础上加以修正即可。

对于对数相频特性曲线只要能写出其关系表达式,确定出 $\omega=0$、$\omega=\infty$时的相角,再在频率段内适当地求出一些频率所对应的相角,连成光滑曲线即可。

1.1.6 控制系统的稳定性

1. 稳定性的概念

稳定性是系统在一定的干扰作用下,偏离了稳定的平衡状态,在干扰消除后,能以足够的精度逐渐恢复到原来的状态的能力。它是系统固有的特性,与初始条件及输入无关。

2. 稳定的充分必要条件

线性系统稳定的充分必要条件是:系统的所有闭环特征根都具有负的实部,或闭环特征根

都分布在 s 平面左半平面。

3. 代数稳定判据

判别系统的稳定性，最直接的方法是求出系统的全部闭环特征根。但是求解高阶特征方程的根是非常困难的。工程上，一般均采用间接方法判别系统的稳定性。劳斯判据是最常用的一种间接判别系统稳定性的代数稳定判据。应用闭环特征方程各项的系数列写劳斯表，劳斯表各行第一列元的符号变化次数，即为系统闭环不稳定的根的个数。系统闭环特征多项式各项同号且不缺项，是系统稳定的必要条件。

4. 奈氏判据

奈氏判据是根据开环频率特性曲线来判断闭环系统稳定性的一种稳定判据。若已知开环极点在 s 右半平面的个数为 p，当 ω 从 $0\rightarrow\infty$ 时，开环频率特性的轨迹在 $G(\mathrm{j}\omega)H(\mathrm{j}\omega)$ 平面包围 $(-1,\mathrm{j}0)$ 点的圈数为 N，则闭环系统特征方程式在 s 右半平面的个数为 z，且有 $z=p-2N$。若 $z=0$，说明闭环特征根均在 s 左半平面，闭环系统是稳定的。若 $z\neq 0$，说明闭环特征根在 s 右半平面有根，闭环系统是不稳定的。

5. Nyquist 图和 Bode 图的对应关系

(1) Nyquist 图上以原点为圆心的单位圆对应对数幅频特性图上的 0 分贝线。单位圆以外的 Nyquist 曲线，对应 $L(\omega)>0$ 的部分；单位圆内部的 Nyquist 曲线对应 $L(\omega)<0$ 的部分。

(2) Nyquist 图上负实轴对应对数相频特性图上的 $-180°$ 线。

(3) Nyquist 图中的正穿越对应于对数相频特性曲线，当 ω 增大时，从下向上穿越 $-180°$ 线（相角滞后减小）；负穿越对应于对数相频特性曲线，当 ω 增大时，从上向下穿越 $-180°$ 线（相角滞后增大）。

6. Bode 稳定判据

在 Bode 图上，当 ω 由 0 变到 $+\infty$ 时，在开环对数幅频特性为正值的频率范围内，开环对数相频特性对 $-180°$ 线正穿越与负穿越次数之差为 $p/2$ 时，闭环系统稳定；否则不稳定。

7. 系统频域性能指标

开环频域指标 γ、ω_c、h 或闭环频域指标 M_r、ω_b 反映了系统的动态性能，它们和时域指标之间有一定的对应关系，γ、M_r 反映了系统的平稳性，γ 越大，M_r 越小，系统的平稳性越好；ω_c、ω_b 反映了系统的快速性，ω_c、ω_b 越大，系统的响应速度越快。

8. 开环对数幅频的三频段

三频段的概念对分析系统参数的影响以及系统设计都是很有用的。这样的控制系统，其开环对数幅频特性曲线低、中、高三个频段的合理形状应是很明确的：既有较好的动态响应，又有较高的稳态精度；既有理想的跟踪能力，又有满意的抗干扰性。

低频段的斜率应取 -20ν dB/dec，而且曲线要保持足够的高度，以便满足系统的稳态精度。

中频段的截止频率不能过低，而且附近应有 -20 dB/dec 斜率段，以便满足系统的快速性和平稳性。-20 dB/dec 斜率段所占频程越宽，则稳定裕度越大。

高频段的幅频特性应尽量低，以便保证系统的抗干扰性。

9. 频率法

频率法是运用开环频率特性研究闭环动态响应的一套完整的图解分析计算法。其分析问题的主要步骤和所依据的概念及方法如下：

开环频率特性曲线→{频域稳定性判据(奈氏判据)→闭环稳定性; 求频域指标 γ、ω_c、h 或 M_r、ω_b→$M_p\%$、t_s(估算公式); 型号和开环放大系数→e_{ss}}

开环频率特性和闭环频率特性都是表征闭环系统控制性能的有力工具。

1.1.7 自控系统的校正

在系统中加入一些参数可以根据需要而改变的结构或装置,使系统整个特性发生变化,从而满足给定的各项性能指标,这一附加的装置称为校正装置。加入校正装置后使未校正系统的缺陷得到补偿,这就是校正的作用。

(1) 串联超前校正是利用校正装置的相角超前补偿原系统的相角滞后,从而增大系统的相角裕度。超前校正具有相角超前和幅值扩张的特点,即产生正的相角移动和正的幅值斜率。超前校正通过幅值扩张的作用达到改善中频段斜率的目的。因此,采用超前校正可以增大系统的稳定裕度和频带宽度,提高系统动态响应的平稳性和快速性。但是,超前校正对提高系统的稳态精度作用不大,且使抗干扰的能力有所降低。串联超前校正一般用于稳态性能已满足要求,但动态性能较差的系统。

但如果未校正系统在其零分贝频率附近,相角迅速减小,例如有两个转角频率彼此靠近(或相等)的惯性环节或一个振荡环节,这就很难使校正后的系统的相角裕度得到改善。或未校正系统不稳定,为了得到要求的相角裕度,超前网络的 a 值必须选得很大,将造成校正后系统带宽过大,高频噪声很高,严重时系统无法正常工作。

(2) 串联滞后校正是利用校正装置本身的高频幅值衰减特性,使系统零分贝频率下降,从而获得足够的相角裕度。滞后校正具有幅值压缩和相角滞后的特点,即产生负的相角移动和负的幅值斜率。利用幅值压缩,有可能提高系统的稳定裕度,但会使系统的频带过小;从另一角度看,滞后校正通过幅值压缩可以提高系统的稳定精度。滞后校正一般用于动态平稳性或稳定精度要求较高的系统。

(3) 串联滞后-超前校正的基本原理是利用校正装置的超前部分来增大系统的相角裕度,同时利用滞后部分来改善系统的稳态性能。当对校正后系统的稳态和动态性能都要求较高时,应考虑采用滞后-超前校正。

(4) 期望频率特性法仅按对数幅频特性的形状确定系统性能,所以只适合最小相位系统。期望对数幅频特性的求法如下:

①根据对系统型别及稳态误差要求,绘制期望频率特性的低频段;

②根据对系统响应速度及阻尼程度要求,绘制期望频率特性的中频段;

③根据对系统幅值裕度及高频噪声的要求,绘制期望频率特性的高频段;

④绘制期望频率特性的低、中频段之间的衔接频段;

⑤绘制期望频率特性的中、高频段之间的衔接频段;

将期望对数幅频特性与原系统对数幅频特性相比较,即可得校正装置的对数幅频特性曲线。

(5) 复合校正是在系统的反馈控制回路中加入前馈通路,组成一个前馈控制和反馈控制相结合的系统,按不变性原理进行设计。可分为按扰动补偿和按输入补偿两种方式。

第二节 机械工程测试技术基础

1.2.1 测试工程概述

科学技术与生产力的发展是和传感与测试技术的发展息息相关的，任何科学理论的建立都需要进行大量的试验和测量并对获取的数据进行分析来验证理论的正确性和可靠性。一般而言，测试指具有试验性质的测量，或者可以理解为测量和试验的综合。一个完整的测试过程必定涉及被测对象、计量单位、测量方法和测量误差。

测量方法是指在实施测试中所涉及的理论运算和实际的操作方法。按是否直接测定被测量的原则分类，测量方法可分为直接测量法和间接测量法。直接测量法是指被测量直接与测量单位进行比较，或者用预先标定好的测量仪器或测试设备进行测量，而不需要对所获取数值进行运算的测量方法，例如用直尺测量长度，用万用表测量电压等。间接测量法是指测量与被测量有函数关系的其他量，通过一定的运算间接得到被测量值的测量方法。例如，为了测量一台发动机的输出功率，必须首先测出发动机的转速 n 及输出转矩 M，通过公式 $P=Mn$ 可计算出其功率值。

按测量时是否与被测对象接触的原则，测量方法可分为接触式测量和非接触式测量。接触式测量往往比较简单，比如测量振动时采用带磁铁座的加速度计直接放在被测位置进行测量；而非接触式测量可以避免对被测对象的运行工况及其特性的影响，也可避免测量设备受到磨损，例如多普勒超声测速仪测量汽车超速就属于非接触测量。

按被测量是否随时间变化的原则，测量方法可分为静态测量和动态测量。被测量不随时间变化或随时间变化缓慢的测量属于静态测量，而动态测量是指被测量随时间变化显著的测量，因此在动态测量中，要确定被测量就必须测量它的瞬时值及其随时间变化的规律。需要注意的是，这里的"静态"和"动态"专指被测量是否随时间变化，而不是指被测对象是否处于静止或运动中。实际上，静态测量和动态测量对测量系统特性的要求和测量数据处理是有很大差别的，工作中必须密切注意。

在测试系统中，传感器一般直接作用于被测量，并按一定规律将被测量转换成电信号(包括电阻、电容、电感等)，然后利用信号调理环节(如放大、调制解调、阻抗匹配等)把来自传感器的信号转换成适合进一步传输、处理且功率足够的形式，这里的信号转换多数情况下是电信号之间的转换，例如幅值放大，将阻抗的变化转化成电压、电流、频率的变化等；信号分析处理环节接收来自调理环节的信号，并进行各种运算和分析(如提取特征参数、频谱分析、相关分析等)；信号显示记录环节是测试系统的输出环节，用以显示记录分析处理结果的数据和图形等，以便进一步分析研究，找出被测信息的规律。

1.2.2 信号描述及处理初步

1. 信号的分类

如图 1-2-1 所示，在测试系统中，将信号按照是否能用明确的数学关系表达式描述分为确定性信号和非确定信号(随机信号)。其中,确定性信号是测试技术研究的主要对象。

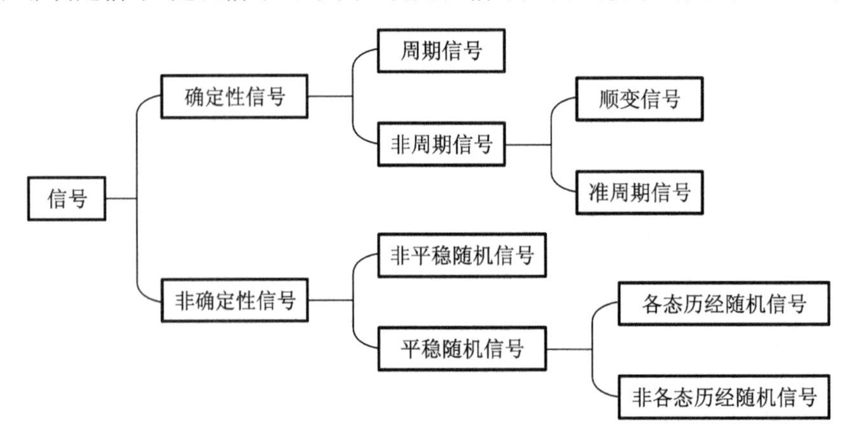

图 1-2-1 信号分类

2. 信号描述方法及描述它们所用的数学工具

1) 时域描述

时域描述反映信号随时间变化。测量中以时间为独立变量,一般能反映信号的幅值随时间变化的状态,不能明确揭示信号的频率组成成分。

时域描述中,t 为横坐标,A_n 为纵坐标。

2) 频域描述

频域描述反映信号的组成成分。测量中以频率为独立变量,可表述信号的频率结构、各频率成分的幅值和相位关系。

幅频谱的描述以 ω 为横坐标,A_n 为纵坐标;

相位谱的描述以 ω 为横坐标,φ_n 为纵坐标。

3) 周期信号的频域分析——傅里叶级数

傅里叶级数三角函数展开式:满足狄利克雷条件的周期信号,可在一个周期内用正弦函数和余弦函数表达成傅里叶级数的形式。

$$x(t) = a_0 + \sum_{n=1}^{\infty} A_n \cos(n\omega_0 t - \phi_n) = a_0 + \sum_{n=1}^{\infty} A_n \sin(n\omega_0 t + \theta_n) \quad (n = 1,2,3,\cdots) \tag{1-2-1}$$

式中:$A_n = \sqrt{a_n^2 + b_n^2}$,$\phi_n = \arctan \dfrac{b_n}{a_n}$,$\theta_n = \dfrac{\pi}{2} - \phi_n$。

傅里叶级数复指数展开式:

$$x(t) = c_0 + \sum_{n=1}^{+\infty} c_n \cdot e^{jn\omega_0 t} + \sum_{n=-1}^{-\infty} c_n \cdot e^{jn\omega_0 t}$$

即

$$x(t) = \sum_{n=-\infty}^{+\infty} c_n \cdot e^{jn\omega_0 t}, \quad (n = 0, \pm 1, \pm 2, \pm 3, \cdots) \tag{1-2-2}$$

4) 周期信号的频谱及频谱特点

周期信号的频谱具有以下特点。

①离散性:周期信号频谱图上的谱线不是连续的,是离散的。

②谐波性:周期信号频谱图上的谱线只发生在基频 ω_0 的整数倍频率上。

③收敛性:从总趋势上来看,周期信号高次谐波的幅值具有随 n 的增加而衰减的趋势。

5）非周期信号的频域分析——傅里叶变换

（1）傅里叶变换-傅里叶逆变换。

$$X(f)=\int_{-\infty}^{+\infty}x(t)\mathrm{e}^{-\mathrm{j}\omega t}\,\mathrm{d}t \tag{1-2-3}$$

$$x(t)=\frac{1}{2\pi}\int_{-\infty}^{+\infty}X(\omega)\mathrm{e}^{\mathrm{j}\omega t}\,\mathrm{d}t \tag{1-2-4}$$

$$X(f)=\int_{-\infty}^{+\infty}x(t)\mathrm{e}^{-\mathrm{j}2\pi ft}\,\mathrm{d}t \tag{1-2-5}$$

$$x(t)=\int_{-\infty}^{+\infty}X(\omega)\mathrm{e}^{\mathrm{j}2\pi ft}\,\mathrm{d}t \tag{1-2-6}$$

公式(1-2-3)和公式(1-2-5)成为非周期信号的傅里叶变换，公式(1-2-4)和公式(1-2-6)成为非周期信号的傅里叶逆变换，二者组成一个傅里叶变换对。

（2）傅里叶变换主要性质。

①线性叠加性

若 $$x(t)\Leftrightarrow X(f),\quad y(t)\Leftrightarrow Y(f)$$

则 $$ax(t)+by(t)\Leftrightarrow aX(f)+bY(f) \tag{1-2-7}$$

②对称性质

若 $$x(t)\Leftrightarrow X(f)$$

则 $$X(t)\Leftrightarrow x(-f) \tag{1-2-8}$$

③时移与频移性质

若 $$x(t)\Leftrightarrow X(f)$$

则有时移性质 $$x(t\pm t_0)\Leftrightarrow X(f)\mathrm{e}^{\pm\mathrm{j}2\pi ft_0}$$

频移性质 $$x(t)\mathrm{e}^{\pm\mathrm{j}2\pi f_0 t}\Leftrightarrow X(F\mp f_0) \tag{1-2-9}$$

④卷积定理

若 $$x_1(t)\Leftrightarrow X_1(f),\quad x_2(t)\Leftrightarrow X_2(f)$$

则 $$x_1(t)*x_2(t)\Leftrightarrow X_1(f)\cdot X_2(f)$$

$$x_1(t)\cdot x_2(t)\Leftrightarrow X_1(f)*X_2(f) \tag{1-2-10}$$

（3）非周期信号及其频谱特点。

①非周期信号是由无数正弦波叠加而成的，其频谱是连续的；

②非周期信号幅值谱的幅值量纲是单位频率宽度上的幅值。

3. 测量装置的基本特性

1）测量装置的基本要求

测量装置的基本特性主要讨论测量装置及其输入、输出的关系。理想的测量装置应该具有单值的、确定的输入-输出关系，即对应于某一输入量都只有单一的输出量与之对应。

2）线性系统及其主要性质

线性系统的输入 $x(t)$ 与输出 $y(t)$ 之间的关系可用下面的常系数线性微分方程来描述时，则称该系统为时不变线性系统，也称线性定常系统。

$$a_n\frac{\mathrm{d}^n y(t)}{\mathrm{d}t^n}+a_{n-1}\frac{\mathrm{d}^{n-1}y(t)}{\mathrm{d}t^{n-1}}+\cdots+a_1\frac{\mathrm{d}y(t)}{\mathrm{d}t}+a_0 y(t)$$

$$=b_m\frac{\mathrm{d}^m x(t)}{\mathrm{d}t^m}+b_{m-1}\frac{\mathrm{d}^{m-1}x(t)}{\mathrm{d}t^{m-1}}+\cdots+b_1\frac{\mathrm{d}x(t)}{\mathrm{d}t}+b_0x(t) \tag{1-2-11}$$

式中：t 为时间自变量；$a_n,a_{n-1},\cdots,a_1,a_0$ 和 $b_m,b_{m-1},\cdots,b_1,b_0$ 均为常数。

时不变线性系统的主要性质：

①叠加原理特性。

②比例特性。系统对输入导数的响应等于对原输入响应的导数。如系统的初始状态均为零，则系统对输入积分的响应等同于对原输入响应的积分。

③频率保持性。

3）测量装置的静态特性

测量装置的静态特性就是在静态测量情况下描述实际测量装置与理想定常线性系统的接近程度。描述测量装置静特性的主要指标有以下四个。

（1）线性度。线性度是指测量装置输出、输入之间保持常值比例关系的程度，即在系统的标称输出范围（全量程）A 以内，校准曲线与该拟合直线的最大偏差 B 与满量程的输出量 A 的比值的百分率。

$$线性度=\frac{B}{A}\times 100\% \tag{1-2-12}$$

（2）灵敏度 S。当装置的输入 x 有一个变化量 Δx，引起输出 y 发生相应的变化为 Δy，则定义灵敏度为

$$S=\frac{\Delta y}{\Delta x}=\frac{\mathrm{d}y}{\mathrm{d}x} \tag{1-2-13}$$

灵敏度表示输出变化量与输入变化量之比，线性测量装置定标曲线的拟合直线的斜率就是其静态灵敏度。

（3）回程误差。当输入量由小增大和由大减小时，对于同一输入量所得到的两个输出量却往往存在着差值，将全测量范围内最大的差值 h 称为回程误差（见图 1-2-2）。

$$H=\frac{h}{A}\times 100\% \tag{1-2-14}$$

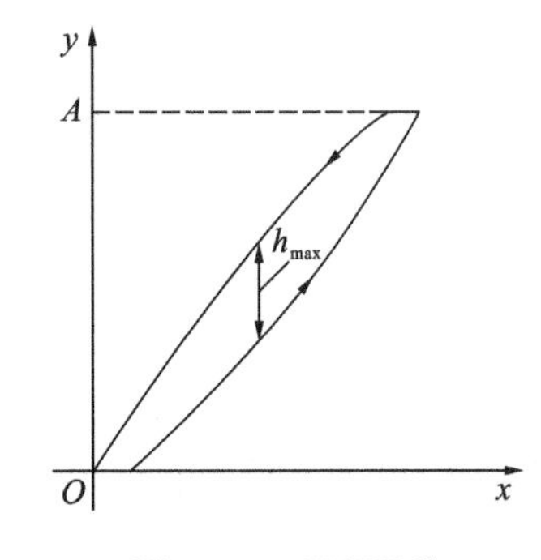

图 1-2-2 回程误差

（4）稳定度和漂移。稳定度是指测量装置在规定条件下保持其测量特性恒定不变的能力。测量装置的测量特性随时间的慢变化，称为漂移。

4）测量装置的动态特性

动态特性是指输入随时间变化时，测量装置输入与输出间的关系。这种关系在时域内可以用微分方程或权函数表示，在频域内可用传递函数或频率响应函数表示。

（1）传递函数 $H(s)$。传递函数是指零初始条件下线性系统响应（即输出）量的拉普拉斯变换（或 z 变换）与激励（即输入）量的拉普拉斯变换之比。传递函数是测量装置动态特性的复频域描述，它表达了系统的传递特性。

（2）频率响应函数 $H(\mathrm{j}\omega)=A(\omega)\mathrm{e}^{\mathrm{j}\varphi(\omega)}$。当测试系统的输入量是正弦信号时，系统的传递函数就称为频率响应函数，记为 $H(\mathrm{j}\omega)$。将传递函数中复数自变量 s 用频率 $\mathrm{j}\omega$ 来代替（j 作为

坐标符号来理解)，有

$$H(j\omega)=\frac{Y(j\omega)}{X(j\omega)} \tag{1-2-15}$$

频率响应函数是测量装置动态特性的频域描述，它描述了系统的简谐输入和其稳态输出的关系。

5) 测量装置对任意输入的响应

测量装置对任意输入信号 $x(t)$ 的响应 $y(t)$ 为输入信号 $x(t)$ 与此测量装置单位脉冲响应函数 $h(t)$ 的卷积，即

$$y(t)=x(t)*h(t) \tag{1-2-16}$$

6) 不失真测试的条件

要使信号通过测量装置后不产生波形失真，测量装置的幅频和相频特性应分别满足以下条件。

时域描述：

$$y(t)=A_0x(t-t_0) \tag{1-2-17}$$

式中：A_0、t_0 为常数。

频域描述：

$$A(\omega)=A_0,\quad \varphi(\omega)=-t_0\omega \tag{1-2-18}$$

式中：A_0、t_0 为常数。

7) 测量装置的典型环节传递函数

(1) 零阶系统

$$H(s)=s \tag{1-2-19}$$

(2) 一阶系统

$$H(s)=\frac{s}{1+\tau s} \tag{1-2-20}$$

(3) 二阶装置

$$H(s)=\frac{s\omega_n^2}{s^2+2\xi\omega_n s+\omega_n^2} \tag{1-2-21}$$

8) 测量装置动态特性的测试

测量装置动态特性的测试方法主要有频率响应法和阶跃响应法。

4. 常用的传感器

1) 传感器的定义

工程上通常把直接作用于被测量，能按一定规律将其转换成同种或别种量值输出的器件，称为传感器。

2) 传感器的作用

传感器的作用就是将被测量转换为与之相对应的，容易检测、传输或处理的信号。

3) 传感器的分类

传感器的分类方法很多，主要的分类方法有以下几种：

(1) 按被测量分类，传感器可分为位移传感器、力传感器、温度传感器等。

(2) 按工作原理分类,传感器可分为机械式传感器、电气式传感器、光学式传感器、流体式传感器等。

(3) 按信号变换特征分类,传感器可概括分为物性型传感器和结构型传感器。

(4) 根据敏感元件与被测对象之间的能量关系分类,传感器可分为能量转换型传感器与能量控制型传感器。

(5) 按输出信号分类,传感器可分为模拟型传感器和数字型传感器。

4) 电阻式传感器

(1) 电阻式传感器分为变阻式传感器和电阻应变式传感器。而电阻应变式传感器又可分为金属电阻应变片式与半导体应变片式两类。

(2) 金属电阻应变片式传感器的工作原理:应变片发生机械变形时电阻值随之发生变化。金属电阻应变片式的灵敏度 $S_g=1+2v$。

(3) 半导体电阻应变片式传感器的工作原理:半导体也叫压电晶体应变片,这种材料几何性质发生变化的时候会在晶体的轴上产生电势,这种应变片变形量小,产生的参数线性度差,要经过运算后进行使用,但它是无源信号源,适合测量高密度小变形量的物体。半导体电阻应变片式的灵敏度 $S_g=\lambda E$。

5) 电感式传感器

(1) 按照变换原理的不同,电感式传感器可分为自感型与互感型。其中自感型主要包括可变磁阻式和电涡流式。

(2) 电涡流式传感器的工作原理:利用金属体在交变磁场中的电涡流效应。

(3) 电涡流效应的主要内容:根据法拉第电磁感应定律,金属导体置于变化的磁场中时,导体的表面就会有感应电流产生,电流的流线在金属体内自行闭合,这种由电磁感应原理产生的漩涡状感应电流称为电涡流,这种现象称为电涡流效应。

6) 电容式传感器

(1) 电容式传感器根据电容器变化的参数,可分为极距变化型、面积变化型、介质变化型三类。

(2) 极距变化型传感器的灵敏度为:$S=\frac{dC}{d\delta}=-\varepsilon\varepsilon_0 A\frac{1}{\delta^2}$,可以看出,灵敏度 S 与极距平方成反比,极距越小灵敏度越高。显然,由于灵敏度随极距而变化,这将引起线性误差。

(3) 面积变化型传感器的灵敏度为常数,其输出与输入呈线性关系。但与极距变化型相比,灵敏度较低,适用于较大直线位移及角速度的测量。

(4) 电容式传感器的测量电路。

电容式传感器将被测量转换成电容量的变化之后,由后续电路转换为电压、电流或频率信号。常用的电路有电桥型电路、直流极化电路、谐振电路、调频电路、运算放大电路。

7) 压电式传感器

(1) 压电式传感器的工作原理是压电效应。

(2) 某些物质,如石英、钛酸钡、锆钛酸铅等,当受到外力作用时,不仅几何尺寸发生变化,而且内部极化,表面上有电荷出现,形成电场;当外力消失时,材料重新回复到原来状态,这种现象称为压电效应。

(3) 压电式传感器前置放大器的主要作用:一是将传感器的高阻抗输出转换为低阻抗输

出；二是放大传感器输出的微弱电信号。

(4) 压电加速度传感器的两种形式：电压放大器和电荷放大器。

8) 半导体传感器

半导体传感器主要包括磁敏传感器、光敏传感器、固态传感器、热敏电阻、气敏传感器、湿敏传感器、集成传感器等。

9) 光纤传感器

(1) 光纤传感器按光纤的作用可分为功能型和传光型两种。

(2) 光纤导光的原理是光的全反射，光纤传感器将来自光源的光信号经过光纤送入调制器，使待测参数与进入调制区的光相互作用后，导致光的光学性质（如光的强度、波长、频率、相位、偏振态等）发生变化，成为被调制的信号源，再经过光纤送入光探测器，经解调后，获得被测参数。

(3) 光纤的数值孔径 NA 表示光纤收集光的能力，$NA=\sqrt{n_1^2-n_2^2}$，其中 n_1 为纤芯的折射率，n_2 为包层的折射率。

5. 信号调理（中间变换电路）

1) 电桥的定义和分类

电桥是将电容、电阻、电感等参数的变化转换为电压或电流输出的一种测量电路。按照电桥的输出方式，可以将电桥分为平衡式电桥和不平衡式电桥；按照电桥激励电压的性质，又可以将电桥分为直流电桥和交流电桥。

2) 电桥平衡条件

电桥平衡的定义：电源接通时，电桥线路中各支路均有电流通过。当 c、d 两点之间的电位不相等时，桥路中的检流计的指针发生偏转；当 c、d 两点之间的电位相等时，桥路中的检流计指针指零（检流计的零点在刻度盘的中间），这时我们称电桥处于平衡状态。

(1) 直流电桥。直流电桥如图 1-2-3 所示。

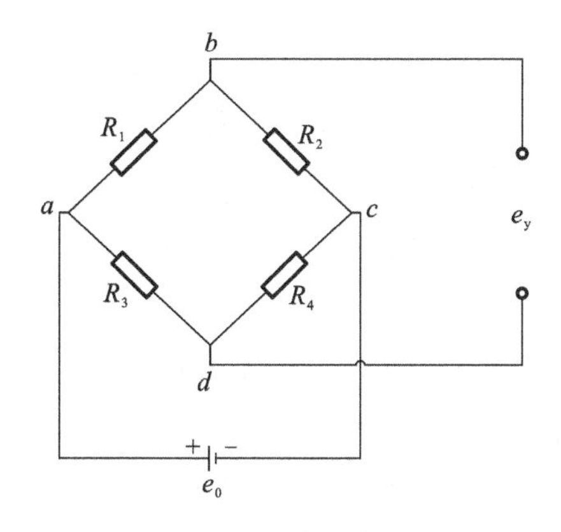

图 1-2-3　直流电桥

由电桥平衡的条件，欲使得电桥平衡，即 $e_y=0$，应满足：

$$R_1R_3=R_2R_4 \tag{1-2-22}$$

(2) 交流电桥。交流电桥的 4 个桥臂可为电容、电感或电阻。如果将阻抗、电流、电压都用复数表示，直流电桥的平衡关系式也可以用于交流电桥，即：

$$z_1z_3=z_2z_4 \tag{1-2-23}$$

而各阻抗 z_i 可用模 Z_{0i} 和阻抗角 ϕ_i 表示为

$$z_i = Z_{0i} e^{j\phi_i} \tag{1-2-24}$$

代入式(1-2-23),有:

$$z_1 z_3 e^{j(\phi_1+\phi_3)} = z_2 z_4 e^{j(\phi_2+\phi_4)} \tag{1-2-25}$$

若要式(1-2-25)成立,必须同时满足下列两式:

$$\begin{cases} Z_{01} Z_{03} = Z_{02} Z_{04} \\ \phi_1 + \phi_3 = \phi_2 + \phi_4 \end{cases} \tag{1-2-26}$$

3) 应变电桥输出电压表达式

半桥单臂 $$e_y \approx \frac{1}{4}\frac{\Delta R}{R_0} e_0$$

半桥双臂 $$e_y = \frac{1}{2}\frac{\Delta R}{R_0} e_0$$

全桥 $$e_y = \frac{\Delta R}{R_0} e_0$$

4) 调制

用低频信号来控制高频振荡信号(载波)的某个参数(幅值、频率或相位),使已调波的这个参数随调制信号作有规律的变化,以利于实现信号的放大或传输,这个过程称为调制。

5) 解调

从已调波中恢复出调制信号的过程,称为解调。

6) 调幅

调幅是将一个高频简谐信号(载波)与测试信号(调制信号)相乘,使高频信号的幅值随测试信号的变化而变化。

7) 调频

调频是利用信号电压的幅值控制一个振荡器,振荡器的输出是等幅波,但其振荡频率偏移量和信号电压成正比。

8) 滤波器

(1) 滤波器是一种选频装置,它可以允许信号中某些频率成分通过而对其他频率成分进行极大的衰减,起到“筛选频率”的作用。根据滤波器的选频作用可将滤波器分为低通滤波器、高通滤波器、带通滤波器和带阻滤波器。

(2) 滤波器的截止频率 f_{c1}、f_{c2}:幅频特性曲线降为最大值的 $\frac{1}{\sqrt{2}}$ 时对应的频率为截止频率。

(3) 滤波器的带宽 B:B 表征带通滤波器的频率分辨能力,B 越小分辨率越高。对带通滤波器有:$B = f_{c2} - f_{c1}$。其中 f_{c2} 为上截止频率,f_{c1} 为下截止频率。

(4) 中心频率 f_n:带通滤波器的中心频率 f_n 定义为上下截止频率的几何平均值

$$f_n = \sqrt{f_{c1} f_{c2}}$$

(5) 品质因数 Q:Q 表征带通滤波器的频率选择性。

$$Q = \frac{f_n}{B} \tag{1-2-27}$$

(6) 倍频程带通滤波器的上、下截止频率之间有下面关系:

$$f_{c2} = 2^n f_{c1} \tag{1-2-28}$$

(7) 倍频程邻接滤波器组两相邻带通滤波器的中心频率 f_m、f_{m+1} 之间有下面关系式

$$f_{m+1}=2^{n}f_{m}$$

式中：n——倍频程数。

1.2.3 测试系统基本原理

1.传感器技术概论

在自动检测与自动控制系统中，传感技术处于系统之首，其作用相当于人的五官，直接接触外界信息。因此，传感器正确感受信息并将其按相应规律转换成可用信号，对整个系统的控制质量起决定性作用。自动化的程度越高，系统对传感技术依赖性就越大，所以国内外都将传感技术列为高新技术，美国、日本等发达国家对传感技术非常重视。

传感器是一个完整的测量装置（或系统），能把被测非电量转化为与之有确定对应关系的有用电量输出，以满足信息的传输处理、记录、显示和控制等要求。传感器一般由敏感元件、传感元件和其他辅助元件组成，有时也将信号调节与转换电路、辅助电源作为传感器的组成部分。传感器根据使用要求的不同，可以做得很简单，也可以做得很复杂；可以是带反馈的闭环系统，也可以是不带反馈的开环系统。因此，传感器的组成将依不同情况而有所差异。

敏感元件是用于感受被测量并输出与被测量成确定关系的其他量的元件，如膜片和波纹管，可以把被测压力变为位移量。若敏感元件能直接输出电量（如热电偶），就兼为传感元件了。还有一些新型传感器，如压阻式和谐振式压力传感器，差动变压器式位移传感器等，其敏感元件和传感器就完全是融为一体的。

传感元件又称转换元件，是传感器的重要组成元件。它可以直接感受被测量（一般是非电量）而输出与被测量成确定关系的电量，如热电耦和热敏电阻。传感元件也可以不直接感受被测量，而只感受与被测量成确定关系的其他非电量。例如差动变压器式压力传感器并不直接感受压力，而只是感受与被测压力成确定关系的衔铁位移量，然后输出电量。信号调节与转换电路能把传感元件输出的电信号转换为便于显示、记录和控制的有用信号的电路。信号调节与转换电路根据传感元件类型的不同可分为很多种，常用的电路有电桥、放大器、振荡器和阻抗变换器等。

一般传感器常用的技术性能指标如下。

(1) 输入量的性能指标：量程或测量范围，过载能力等。

(2) 静态特性指标：线性度，迟滞，重复性，精度，灵敏度，分辨率，稳定性和漂移。

(3) 动态特性指标：固有频率，阻尼比，频率特性，时间常数，上升时间，响应时间，超调量，稳态误差等。

(4)可靠性指标：工作寿命，平均无故障时间，故障率，疲劳性能，绝缘，耐压，耐温等。

(5) 对环境要求的指标：工作温度范围，温度漂移，灵敏度漂移系数，抗潮湿，抗介质腐蚀，抗电磁干扰能力，抗冲振要求等。

(6) 使用及配接要求：供电方式（直流、交流、频率、波形等），电压幅度与稳定度，功耗，安装方式（外形尺寸、重量、结构特点等），输入阻抗（对被测对象影响），输出阻抗（对配接电路要求）等。

2.工程信号及其分析概论

工程测试的基本任务是从被测对象中获取反映其变化规律的动态信息，而信号是信息的载体，信号中包含着反映被测对象状态或特性的有关信息。信号分析是工程测试的核心内容之一，信号分析的内容包括：研究信号的特征及其随时间变化的规律；信号的构成；信号随频率变化的特征；如何提取有用信息并排除信号中的无用信息（噪声）等。

信号作为一定的物理过程（现象）的表示，包含着丰富的信息。为了从中提取某种有用信息，我们需要对信号进行必要的分析和处理，以全面了解信号的特性。所谓信号分析就是采用各种物理的或数学的方法提取有用信息的过程，而信号的描述方法提供了对信号进行各种不同变量域的数学描述，表征了信号的数据特征，它也是信号分析的基础。通常以四个变量域来描述信号，即时间域、频率域、频值域和时延域。

以时间作为自变量的信号表达，称为信号的时域描述。时域描述是信号最直接的描述方法，它反映了信号的幅值随时间变化的过程，从时域描述图形中可以知道信号的时域特征参数，即周值、峰值、均值、方差、均方差等，这些参数清楚地反映了信号变化的快慢和波动情况，因此时域描述比较直观、形象，便于观察和记录。

以信号的频率作为自变量的表达，称为信号的频域描述。信号的频域描述可以揭示信号的频率结构，即组成信号的各频率分量的幅值、相位与频率的对应关系，因此在动态测试技术中得到广泛应用。例如对振动、噪声等信号进行频域描述，可以从频域描述图形——频谱图中观察到该振动或噪声是由哪些不同的频率分量组成，各频率分量所占的比例以及哪些频率分量是主要的，从而找出振动或噪声源，以便排除或减小有害振动或噪声。

信号的幅值域描述是以信号幅值为自变量的信号表达方式，它反映了信号中不同强度幅值的分布情况，常用于随机信号的统计分析。由于随机信号的幅值具有随机性，通常用概率密度函数来描述。概率密度函数反映信号幅值在某一范围内出现的概率，提供了随机信号沿幅值域分布的信息，它是随机信号的主要特征参数之一。

以时间和频率的联合函数同时描述信号在不同时间和频率的能量密度或强度，称为信号的时延描述。它是非平稳随机信号分析的有效工具，可以同时反映信号的时间和频率信息，揭示非平稳信号所代表的被测物理量的本质，常用于图像处理、语音处理、医学、故障诊断等信号分析中。

信号的各种描述方法是从不同的角度观察和描述同一信号，并不改变信号的实质，它们之间可通过一定的数学关系进行转换，例如傅里叶变换可以将信号描述从时域转换到频域，而傅里叶逆变换可以将信号描述从频域转换到时域。

3. 测量数据处理及表述方法

通过测试，可得到一系列原始数据或图形。这些数据是认识事物内在规律、研究事物相互关系和预测事物发展趋势的重要依据。但这仅仅是第一步工作，只有在此基础上对已获得的数据进行科学处理，去粗取精，去伪存真，由表及里，才能从中提取能反映事物本质和运动规律的有用信息。

测量数据总是存在误差的，而误差又包含各种因素产生的分量，如系统误差、随机误差、粗大误差等。显然一次误差无法判断误差的统计特性，只有通过足够多次的重复测量才能从数据的统计分析中获得误差的统计特性。

然而，实际的测量往往是有限次的。因此，测量数据只能用样本的统计量作为测量数据总体特征量的估计值。测量数据处理的任务就是求得测量数据的样本统计量，以得到一个既接近真值又可信的估计值。

误差分析的理论大多给出测量数据的正态分布，然而由于受到各种实际因素的影响，实际测量数据的分布情况往往很复杂。因此，测量数据必须经过消除系统误差、正态性检验和去除粗大误差后，才能做进一步处理，以得到可信的结果。

大量的实验数据最终必然要以人们易于接受的方式表述出来，常用的表述方法有表格法、图示法和经验公式法三种。这些表述方法的基本要求是：①确切地将被测量的变化规律反映出来；②便于分析和应用。对于同一组实验数据，应根据处理需要选用合适的表达方法，适当的时候可以多种方法并用。

1）表格法

表格法是根据测量的目的和要求，把一系列测量数据列成表格，然后再进行其他处理的表述方法。表格法具有简单、方便、数据易于参考比较的优点，同一表格内可以同时表示多个变量之间的变化关系。然而表格法不易看出数据变化的趋势，因而不适合进行深入的数据分析。

2）图示法

图示法即用图形或曲线表示数据之间的关系的方法，它能形象直观地反映数据变化的趋势，如递增递减性、极值点、周期性等。在工程测试中，多采用直角坐标系绘制测量数据的图形，在直角坐标系中将测量数据描绘成图形或曲线时，应使该曲线通过尽可能多的数据点，曲线以外的数据点尽可能靠近曲线，曲线两侧数据点数目大致相等。

值得注意的是曲线是否真实反映出测试数据的函数关系，在很大程度上还取决于图形比例尺的选取，即取决于坐标的分度是否适当。坐标比例尺的选取没有严格的规定，要具体问题具体分析，应当以能够表示出关键点的确切位置和曲线急剧变化的确切趋势为准。

3）经验公式法

测量数据不仅可以用图示法表示各变量之间的关系，还可以用与图形对应的数学公式来描述变量之间的关系，从而进一步分析和处理数据。该数学模型称为经验公式，也称为回归方程。

要建立一个能正确表达测量数据函数关系的公式，很大程度上取决于测量人员的经验和判断能力。得到与测量数据接近的经验公式往往需要多次反复的实验，同时又由于各个变量之间的关系具有某种程度的不确定性，因此通常采用数理统计的方法确定经验公式。

4. 测试系统基本要求和传输特性

由于测试的目的和要求不同，测量对象又千变万化，因此测试系统的组成和复杂程度都有很大差别。最简单的温度测试系统只由一个液柱式温度计构成，而较完整的机床动态特性测试系统则非常复杂。本书中所称的“测试系统”既指由众多环节组成的复杂的测试系统，又指测试系统中各个独立的环节，例如传感器、调理电路、记录仪器等。因此，测试系统的概念是广义的，在测试信号的流通中，任意连接输入和输出并有特定功能的部分，均可视为测试系统。

对测试系统的基本要求就是使测试系统的输出信号能真实地反映被测物理量的变化过程，不使信号发生畸变，即实现不失真测试。任何测试系统都有自己的传输特性，当输入信号用 $x(t)$ 表示，测试系统的传输特性用 $h(t)$ 表示，输出信号用 $y(t)$ 表示，则通常的工程测试问题可转换为对 $x(t)$、$h(t)$ 和 $y(t)$ 三者之间关系的处理问题。

（1）若输入 $x(t)$ 和输出 $y(t)$ 是已知量，则通过输入、输出就可以判断系统的传输特性；

（2）若测试系统的传输特性 $h(t)$ 已知，输出 $y(t)$ 可测，则通过 $h(t)$ 和 $y(t)$ 可推断出对应于该输出的输入信号 $x(t)$；

（3）若输入信号 $x(t)$ 和测试系统的传输特性 $h(t)$ 已知，则可判断和估计出测试系统的输出信号 $y(t)$。

从输入到输出，系统对输入信号进行传输和变换，系统的传输特性将对输入信号产生影响。因此，要使输出信号真实地反映输入的状态，测试系统必须满足一定的性能要求。一个理想的测试系统应该具有单一的、确定的输入输出关系，即对应于每个确定的输入量都应有唯一的输出量与之对应，并且以输入与输出呈线性关系最佳。而且系统特性不应随时间的推移发生改变，满足上述要求的系统即为线性时不变系统。具有线性时不变特性的测试系统也称为最佳测试系统。

测试系统的传输特性表示系统的输入与输出之间的对应关系。了解测试系统的传输特性对于提高测试系统的精确性以及正确的选用系统和校准测试系统的特性都是十分重要的。

根据输入信号 $x(t)$ 是否随时间变化，测试系统的传输特性分为静态特性和动态特性。对于那些用于静态测量的测试系统，只需要考虑静态特性；而用于动态测试的系统，既要考虑静态特性，又要考虑动态特性，因为两方面的特性都将影响测量结果，两者之间已有一定的联系。但是它们的分析和测试方法却又有明显的差异，因此，为了方便，这里仍然把它们分开处理。

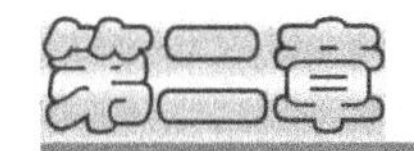

第二章 综合设计实验

实验一 控制系统校正设计与仿真

一、实验目的

掌握使用Bode图研究和设计控制系统的方法。

二、实验设备

(1) 计算机1台；
(2) MATLAB软件1套；
(3) LabVIEW软件1套；
(4) 打印机1台。

三、实验内容

(1) 设有一单位负反馈系统，其开环传递函数为 $G_0(s)=\frac{k}{s(s+2)}$，要求系统的稳态速度误差系数 $k_v=20(1/s)$，相位裕量 $\gamma>50°$，幅值裕量 $k_g\geqslant10$ dB，试确定串联校正装置。

(2) 设有一单位负反馈系统，其开环传递函数为 $G_0(s)=\frac{k}{s(s+1)(0.25s+1)}$，要求系统的稳态速度误差系数 $k_v=5(1/s)$，相位裕量 $\gamma\geqslant40°$，幅值裕量 $k_g\geqslant10$ dB，试确定串联校正装置。

(3) 设有一单位负反馈系统，其开环传递函数为 $G_0(s)=\frac{k}{s(s+1)(0.5s+1)}$，要求系统的稳态速度误差系数 $k_v=10\ (1/s)$，相位裕量 $\gamma=50°$，幅值裕量 $k_g=10$ dB，试确定超前-滞后串联校正装置。

四、实验报告要求

编写实验内容中的相关程序并在计算机中运行，程序、运行结果及相关图形一并写在报告上。

实验二　调速控制系统设计与仿真

一、实验目的

通过本实验让学生掌握煮糖过程自动控制系统原理，掌握温度传感器、压力传感器、电导仪等设备原理及其使用方法，学会传感器数据处理和分析方法、自动控制系统综合设计思路及综合规划分析方法。

二、实验设备

(1) 计算机 1 台；
(2) MATLAB 软件 1 套；
(3) LabVIEW 软件 1 套；
(4) 打印机 1 台。

三、实验内容

一个具有转速和电流双闭环控制的 H 型双极式 PWM 直流调速系统，基于 MATLAB 对其进行系统仿真。已知电机参数为：$P_N=200$ W，$U_N=48$ V，$I_N=3.7$ A，$n_N=200$ r/min，电枢电阻 $R_a=6.5$ Ω，电枢回路总数电阻 $R=8$ Ω，允许电流过载倍数 $\lambda=2$，电势系数 $C_e=0.12$ V·min/r，电磁时间常数 $T_l=0.015$ s，机电时间常数 $T_m=0.2$ s，电流反馈滤波时间常数 $T_{oi}=0.001$ s，转速反馈滤波时间常数 $T_{on}=0.005$ s。设调节器输入输出电压 $U_{nm}^*=U_{im}^*=U_{cm}=10$ V，调节器输入电阻 $R_0=40$ kΩ。已计算出电力晶体管 D202 的开关频率 $f=1$ kHz，PWM 环节的放大倍数 $K_s=4.8$。

试对该系统进行动态参数设计，设计指标：稳态无静差，电流超调量 $\sigma_i\leqslant 5\%$；空载启动到额定转速时的转速超调量 $\sigma_n\leqslant 20\%$；过渡过程时间 $t_s\leqslant 0.1$ s。

建立系统的仿真模型，并进行仿真验证。

四、实验报告要求

编写实验内容中的相关程序并在计算机中运行，程序、运行结果及相关图形一并写在报告上。

实验三 PID 控制器的设计与仿真

一、实验目的

研究 PID 控制器对系统的影响。

二、实验设备

(1) 计算机 1 台；
(2) MATLAB 软件 1 套；
(3) LabVIEW 软件 1 套；
(4) PROTEL 软件 1 套；
(5) 电子元器件若干；
(6) 电子电路蜂窝板若干；
(7) 传感器若干；
(8) 打印机 1 台。

三、实验原理

1. 模拟 PID 控制器

典型的 PID 控制结构如图 2-3-1 所示。

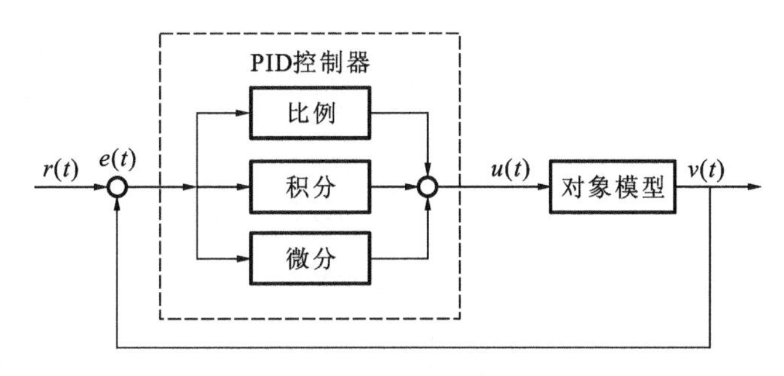

图 2-3-1 典型 PID 控制结构

PID 控制器的数学描述为

$$u(t)=K_{\mathrm{p}}\left[e(t)+\frac{1}{T_{\mathrm{i}}}\int_{0}^{t}e(\tau)\mathrm{d}\tau+T_{\mathrm{d}}\frac{\mathrm{d}e(t)}{\mathrm{d}t}\right]$$

2. 数字 PID 控制器

在计算机 PID 控制中，连续 PID 控制算法不能直接使用，需要采用离散化方法，通常使用数字 PID 控制器。以一系列采样时刻点 kT(T 为采样周期)代表连续时间 t,以矩形法数值积分近似代替积分,以一阶后向差分近似代替微分,即:

$$
\begin{cases}
t \approx kT \\
\int_0^t e(\tau)\mathrm{d}\tau \approx T\sum_{j=0}^{k} e(\mathrm{j}T) = T\sum_{j=0}^{k} e(\mathrm{j}) \\
\dfrac{\mathrm{d}e(t)}{\mathrm{d}t} \approx \dfrac{e(kT)-e((k-1)T)}{T} = \dfrac{e(k)-e(k-1)}{T}
\end{cases}
$$

离散 PID 表达式:

$$
u(k) = K_{\mathrm{p}}\left[e(k) + \frac{1}{T_i}\sum_{j=0}^{k} e(\mathrm{j})T + T_{\mathrm{d}}\frac{e(k)-e(k-1)}{T}\right]
$$

四、实验内容

(1) 已知三阶对象模型 $G(s)=1/(s+1)^3$,利用 MATLAB 编写程序,研究闭环系统在不同控制情况下的阶跃响应,并分析结果。

①$T_{\mathrm{i}}\to\infty$,$T_{\mathrm{d}}\to 0$ 时,在不同 K_{p}值下,闭环系统的阶跃响应;

②$K_{\mathrm{p}}=1$,$T_{\mathrm{d}}\to 0$ 时,在不同 T_{i} 值下,闭环系统的阶跃响应;

③$K_{\mathrm{p}}=T_{\mathrm{i}}=1$ 时,在不同 T_{d} 值下,闭环系统的阶跃响应。

(2) 以二阶线性传递函数为被控对象,选择合适的参数进行模拟 PID 控制,输入信号 $r(t)=A\sin(2\pi ft)$,$A=1.0$,$f=0.2$ Hz。

(3) 已知被控对象为一电机模型,传递函数为 $G(s)=\dfrac{1}{0.0067s^2+0.10s}$,输入信号为 $r(k)=0.50\sin(2\pi t)$,采用 PID 控制方法设计控制器,其中 $K_{\mathrm{p}}=20$,$T_{\mathrm{d}}=0.50$,利用 MATLAB 进行仿真,绘制 PID 正弦跟踪曲线。

五、实验报告要求

(1) 总结 PID 控制器的设计方法;

(2) 分析各个模型对象在 PID 控制下的响应,并绘制响应曲线;

(3) 用 PROTEL 绘制 PID 控制器的电路原理图。

实验四　汽车操控系统的 PID 控制设计与仿真

一、实验目的

(1) 掌握 PID 控制器的参数对系统稳定性及过渡过程的影响;

（2）研究采样周期 T 对系统特性的影响；

（3）研究 PID 控制系统的稳定误差；

（4）掌握 PID 控制器设计的基本方法。

二、实验设备

（1）计算机 1 台；

（2）MATLAB 软件 1 套；

（3）LabVIEW 软件 1 套；

（4）打印机 1 台。

三、实验原理

电机控制算法的作用是接受指令速度值，通过运算向电机提供适当的驱动电压，尽快尽量平稳地使电机转速达到速度值，并维持这个速度值。换言之，一旦电机转速达到了指令速度值，即使遇到各种不利因素的干扰，也应保持速度值不变。因此我们采用数字控制器的连续化设计技术 PID 控制算法来控制本部分电路。

利用所给定的模型计算出控制系统的传递函数 $G(s)$，设计出合理的 PID 控制算法来控制本部分电路，运用凑试法来确定 PID 的各参数，将 m、b、f 代入所求的传递函数中，选择适当的输入函数，将上述条件放入 MATLAB 模型中进行仿真。

1. 一阶模型的设定

我们设定系统中汽车车轮的转动惯量可以忽略不计，并且认为汽车受到的摩擦阻力大小与汽车的运动速度成正比，摩擦阻力的方向与汽车运动方向相反。这样，我们就可以用以下模型进行仿真。

根据牛顿运动定律，该系统的动态数学模型可表示为

$$\begin{cases} ma+bv=u \\ y=u \end{cases}$$

汽车质量 $m=1000\ \text{kg}$，比例系数 $b=100\ \text{N}\cdot\text{s/m}$，汽车驱动力 $u=1000\ \text{N}$。

根据系统的设计要求，系统中汽车驱动力为 5000 N 时，汽车将在 5 s 内达到 15 m/s 的最大速度。同时我们可以将系统的最大超调量设计为 10%，静态误差设计为 2%。

为了得到系统的传递函数，我们进行拉普拉斯变换。假定系统的初始条件为零，则：

$$\begin{cases} msV(s)+bV(s)=U(s) \\ Y(s)=V(s) \end{cases}$$

所以系统的传递函数为

$$\frac{Y(s)}{U(s)}=\frac{1}{ms+b}$$

2. 二阶模型的设定

$$ma+bv=u$$

$$a=\mathrm{d}v/\mathrm{d}t$$

$$v=\mathrm{d}X/\mathrm{d}t$$

进行拉普拉斯变换后得：

$$ms^2V(s)+bsX(s)=U(s)$$

二阶模型的传递函数：

$$\frac{X(s)}{U(s)}=\frac{1}{ms^2+bs}$$

3. 建立控制系统仿真模型

PID 控制器的传递函数为

$$D(s)=\frac{U(s)}{E(s)}=K_{\mathrm{p}}\left(1+\frac{1}{T_{\mathrm{i}}s}+T_{\mathrm{d}}s\right)=K_{\mathrm{p}}+\frac{K_{\mathrm{i}}}{s}+K_{\mathrm{d}}s=\frac{K_{\mathrm{d}}s^2+K_{\mathrm{p}}s+K_{\mathrm{i}}}{s}$$

四、实验内容

如图 2-4-1 所示为电力驱动汽车控制系统的简化模型，图中：u 为汽车驱动力；f 为汽车受到的摩擦力；v 为汽车速度。假设该系统中汽车车轮的转动惯量可以忽略，并且假定汽车受到的摩擦力大小与汽车的速度成正比，摩擦力方向与汽车方向相反。设计一个数字 PID 控制器来实现该控制过程。令汽车质量 $m=1000$ kg，摩擦比例系数 $b=100$ N · s/m，汽车驱动力为 1000 N。要求设计的 PID 控制系统在汽车驱动力 5000 N 作用下，汽车将在 5 s 内达到15 m/s 的最大速度。

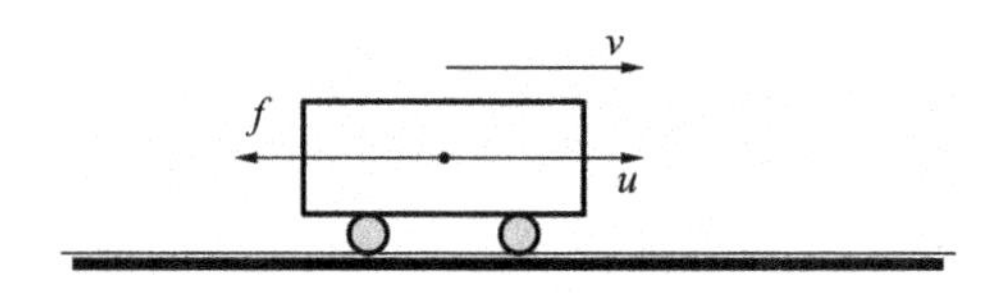

图 2-4-1 电力驱动汽车控制系统

请利用 MATLAB 或者其中的 Simulink 对该系统进行 PID 仿真控制实验。

五、实验报告要求

(1) 画出系统仿真图；

(2) 写出满足实验要求的 PID 控制参数，并简要分析在参数下的控制系统运行情况；

(3) 附上 MATLAB 仿真程序。

实验五 机械振动系统固有频率的测量

一、实验目的

(1) 了解共振前后李萨如图形的变化规律和特点。
(2) 学会用共振相位判别法测量机械振动系统的固有频率。

二、实验设备

(1) 计算机1台；
(2) MATLAB软件1套；
(3) LabVIEW软件1套；
(4) 简支梁装置1台；
(5) NI-6229数据采集卡1张；
(6) 速度传感器2个；
(7) 加速度传感器2个；
(8) 激振器1台；
(9) 测振仪1台；
(10) 激振信号源发生器1台；
(11) 打印机1台。

三、实验原理

用简谐力激振，造成系统共振，以寻找系统的固有频率，是一种常用的方法。这种方法可以根据振动量的幅值共振来判定共振频率。但在阻尼较大的情况下，用不同的幅值共振方法测得的共振频率略有差别，而且用幅值变化来判定共振频率有时不够敏感。

相位判别法是根据共振时的特殊相位值以及共振前后的相位变化规律所提供出来的一种共振判别法。在简谐力激振的情况下，用相位法来判定共振是一种较为敏感的方法，而且共振时的频率就是系统的无阻尼固有频率，可以排除阻尼因素的影响。

1. 位移判别共振

设激振信号为F，振动体位移、速度、加速度信号分别为y、$\frac{dy}{dt}$、$\frac{d^2y}{dt^2}$，则

$$F=F_0\sin\omega t$$
$$y=B\sin(\omega t-\varphi)$$
$$\frac{dy}{dt}=\omega B\cos(\omega t-\varphi)$$

$$\frac{d^2y}{dt^2}=-\omega^2 B\sin(\omega t-\varphi)$$

测量位移拾振时，测振仪上所反映的是振动体的位移信号。将位移信号输入虚拟式示波的 Y 通道，激振信号输入 X 通道，此时两信号分别为

$$X=F=F_0\sin\omega t$$

$$Y=y=B\sin(\omega t-\varphi)$$

将示波器置于"X-Y"显示挡位上，以上两信号在屏幕上显示出一个椭圆图像。共振时，$\omega=\omega_n$，$\varphi=\pi/2$，即 X 轴信号与 Y 轴信号的相位差为 $\pi/2$，由李萨如图形原理知，屏幕上图像将是一个正椭圆。当 ω 略大于 ω_n 或略小于 ω_n 时，图像都将由正椭圆变为斜椭圆。其变化过程如图 2-5-1 所示。由图 2-5-1 可知，图像由斜椭圆变为正椭圆时的频率就是振动体的固有频率。

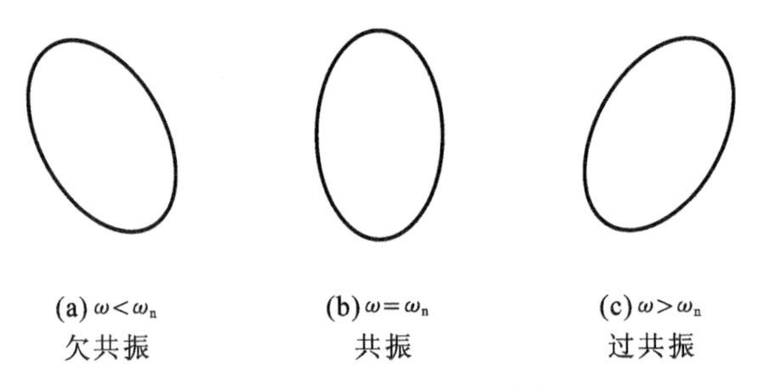

图 2-5-1 用位移判别共振的李萨如图形

2. 速度判别共振

测量速度时，测振仪所反映的是振动体的速度信号。将速度信号输入示波器 Y 轴，激振信号输入示波器 X 轴，此时，示波器 X 轴与 Y 轴的信号分别为

$$X=F=F_0\sin\omega t$$

$$Y=\frac{dy}{dt}=\omega B\cos(\omega t-\varphi)=\omega B\sin(\omega t+\frac{\pi}{2}-\varphi)$$

上述信号使示波器的屏幕上显示一椭圆图像。共振时，$\omega=\omega_n$，$\varphi=\pi/2$。因此，X 轴信号与 Y 轴信号的相位差为 0。由李萨如图形原理知，屏幕上的图像应该是一条直线。当 ω 略大于 ω_n 或略小于 ω_n 时，图像都将由直线变为椭圆，其变化过程如图 2-5-2 所示。因此，图像由椭圆变为直线时的频率就是振动体的固有频率。

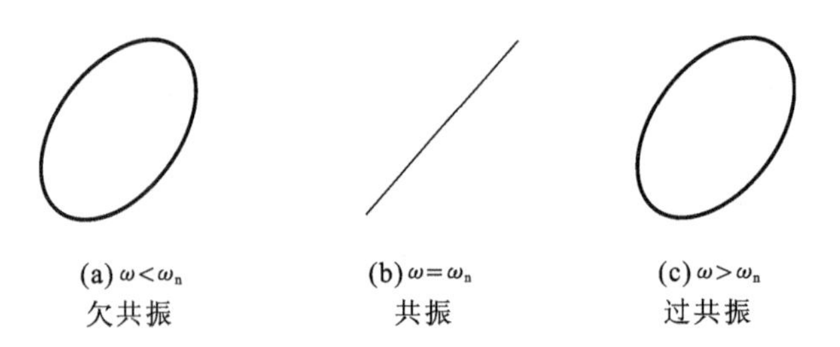

图 2-5-2 用速度判别共振的李萨如图形

3. 加速度判别共振

测量加速度时，测振仪上所反映的是振动体的加速度信号。将振动加速度信号输入示波器 Y 轴，激振信号输入示波器 X 轴。此时，示波器的 X 轴与 Y 轴的信号分别为

$$X=F=F_0\sin\omega t$$

$$Y=y=\frac{\mathrm{d}^2y}{\mathrm{d}t^2}=-\omega^2B\sin(\omega t-\varphi)=\omega^2B\sin(\omega t+\pi-\varphi)$$

上述信号使示波器的屏幕上显示一椭圆图像。共振时，$\omega=\omega_n$，$\varphi=\pi/2$，因此，X 轴信号与 Y 轴信号的信号相位差为$\frac{\pi}{2}$。由李萨如图形原理知，屏幕上的图像将是一个正椭圆。当 ω 略大于 ω_n 或略小于 ω_n 时，图像都将由正椭圆变为斜椭圆，并且其轴所在象限也将发生变化。变化过程如图 2-5-3 所示。因此，图像变为正椭圆时的频率就是振动体的固有频率。

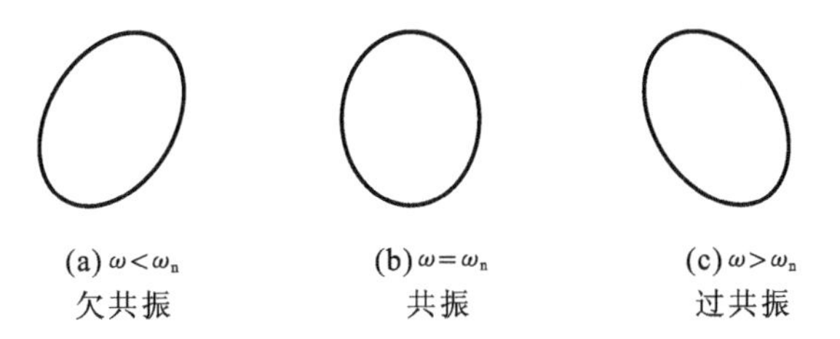

图 2-5-3 用加速度判别共振的李萨如图形

四、实验内容

实验装置框图如图 2-5-4 所示。具体实验要求如下。

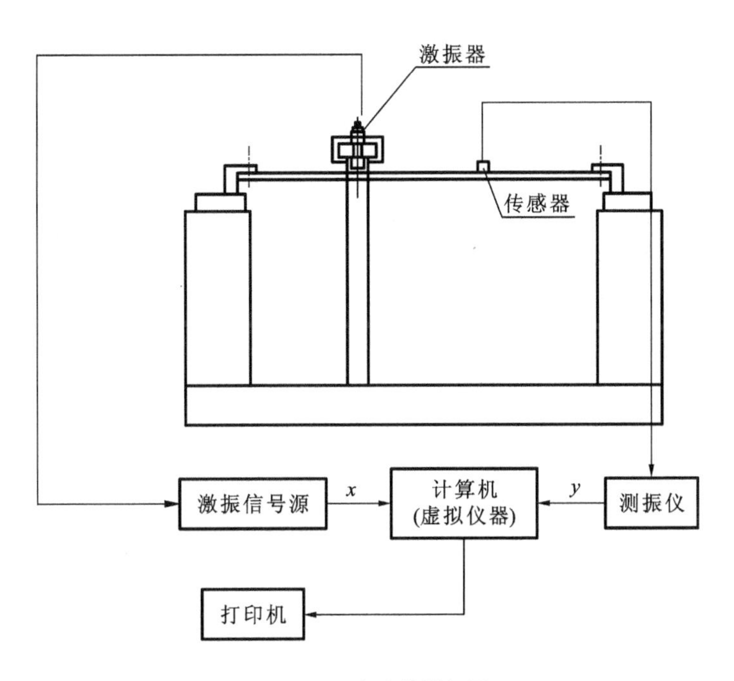

图 2-5-4 实验装置框图

(1) 将激振器信号输入端和数据采集卡的 AO0 口相连。通过软件平台的输出信号控制激振器的振动。

(2) 将数据采集卡的输出端信号线接入数据采集卡的 AI0 口，作为双通道信号分析中的激励信号；将实验平台上传感器输入信号，通过前向调理电路，接入数据采集卡的 AI1 口，作为双通道信号分析中的响应信号。

(3) 通过调整激励信号频率(从低到高逐渐增加)，同时，用测振仪的 x/v/a 挡测振，观测软件实验平台中双通道 FFT 分析的李萨如图的变化，判别共振，确定共振频率。

五、实验报告要求

观测记录不同挡位测振的实验结果图，分析实验结果与理论原理是否相符合。

实验六 运动小车测控系统设计与仿真

一、实验目的

LabVIEW 作为虚拟仪器软件开发平台，在数据采集、显示、信号处理和数据传输等方面具有强大的功能。本实验通过虚拟仪器对小车进行测控，学会将虚拟仪器技术应用于测试和控制中，并将数据采集、信号处理、数据传输等知识运用于具体实践中，提高学生动手能力和创新意识，增进学生的知识应用能力。

二、实验设备

(1) 计算机 1 台；
(2) MATLAB 软件 1 套；
(3) LabVIEW 软件 1 套；
(4) 遥控玩具小车 1 台；
(5) DAQ 数据采集卡 1 张；
(6) 导线若干；
(7) 电子元器件若干；
(8) 电子电路蜂窝板若干；
(9) 传感器若干；
(10) 打印机 1 台。

三、实验原理

本实验的对象是一个普通四轮遥控玩具小车，遥控器上有两个扳手，可以实现四个开关动作，这四个开关分别用来控制小车的左转、右转、前进、后退。当操作遥控器的扳手分别闭合其中各个开关时，遥控器芯片上晶体管振荡器以不同的频率振荡，共产生四种不同频率的电磁波并通过天线发射出去;而小车的接收器根据接收到频率的不同,接收电路通过其中的控制芯片选通不同电路,从而接通两个电机进行正转或反转,从而控制小车运动方向。

本测控实验主要由小车速度采集部分和小车控制部分组成。速度采集部分是将小车车轮速度信号通过转速传感器采集后,经一个连接器接入,插在计算机主机箱扩展槽内的DAQ(数据采集卡)上,由计算机软件对数据进行分析处理和显示。控制部分由速度控制和方向控制组成。速度控制部分是由计算机程序控制输出一个合适的电压信号,经过电流放大,然后将它接入接收器的电源输入位置,代替原来小车的电池电源。在不超过接收器芯片的额定电流电压的情况下,在程序中改变输出的电压就可实现小车转速的改变。在放大电路确定不变的情况下,计算机的输出电压与小车的转速存在某种对应关系。根据这种对应关系,我们就可以通过控制输出的电流的大小来达到控制转速的目的。方向控制部分是由计算机程序输出一种开关量来控制继电器的开闭,继电器动作就代替了原来需要手动来操作扳手进行开闭的动作,继电器闭合后,控制器的芯片相应电路的开关打开,电路导通,这样就可发射相应的电磁波对接收器进行控制,接收器接到信号进行相应的方向动作,这样就达到了通过计算机上的虚拟仪器进行方向控制的要求。

四、实验内容

利用MATLAB和LabVIEW混合编程方法,以玩具小车为控制对象,设计一套测控系统,通过虚拟仪器控制和显示小车的运动方向及运动速度,并在虚拟仪器面板上绘制小车运动路径和所处位置等信息。

五、实验报告要求

(1) 整个实验设计框图及设计说明(电子版);

(2) MATLAB运算程序1份(电子版);

(3) LabVIEW程序1份(电子版);

(4) 现场调试和演示实验。

实验七　快速傅里叶频谱分析实验

一、实验目的

(1) 加深对DFT算法原理及基本性质的理解;

(2) 掌握FFT算法原理;

(3) 学习FFT对连续信号和时域离散信号作谱分析的方法,了解可能出现的分析误差和原因,以便在实际中正确应用FFT。

二、实验设备

(1) 计算机1台；
(2) MATLAB软件1套；
(3) LabVIEW软件1套；
(4) 打印机1台。

三、实验原理

1. 快速傅里叶算法(FFT)的基本思想

将一个长度为 N 的序列的离散傅里叶变换逐次分解为较短的离散傅里叶变换(DFT)来计算，这些短序列的DFT可重新组合成原序列的DFT，而总的运算次数却比直接的DFT运算少得多，从而达到提高速度的目的。快速傅里叶变换就是利用WNnk的特性，逐步地将 N 点序列分解成较短的序列，计算短序列的DFT，然后组合成原序列的DFT，使运算量显著减少。这种分解基本上可分为两类，一类是将时间序列 $x(n)$ 进行逐次分解，称为按时间抽取算法(decimation in time)；另一类将傅里叶变换序列 $X(k)$ 进行分解，称为按频率抽取算法(decimation in frequency)。

2. 快速傅里叶算法的过程

(1) 由离散傅里叶变换分析已知，DFT计算式为

$$X(k)=\sum_{n=0}^{N-1}x(n)W^{nk}\quad(0\leqslant k\leqslant N-1)\tag{2-7-1}$$

$$x(n)=\frac{1}{N}\sum_{k=0}^{N-1}X(k)W^{-nk}\quad(0\leqslant n\leqslant N-1)\tag{2-7-2}$$

将此二式写成矩阵形式：

$$\begin{bmatrix}X(0)\\X(1)\\\vdots\\X(N-1)\end{bmatrix}=\begin{bmatrix}W^0&W^0&W^0&\cdots&W^0\\W^0&W^{1\times1}&W^{2\times1}&\cdots&W^{(N-1)\times1}\\\vdots&\vdots&&&\vdots\\W^0&W^{1\times(N-1)}&W^{2\times(N-1)}&\cdots&W^{(N-1)(N-1)}\end{bmatrix}\cdot\begin{bmatrix}x(0)\\x(1)\\\vdots\\x(N-1)\end{bmatrix}\tag{2-7-3}$$

$$\begin{bmatrix}x(0)\\x(1)\\\vdots\\x(N-1)\end{bmatrix}=\frac{1}{N}\begin{bmatrix}W^0&W^0&W^0&\cdots&W^0\\W^0&W^{-1\times1}&W^{-2\times1}&\cdots&W^{-(N-1)\times1}\\\vdots&\vdots&\vdots&&\vdots\\W^0&W^{-1\times(N-1)}&W^{-2\times(N-1)}&\cdots&W^{-(N-1)\times(N-1)}\end{bmatrix}\cdot\begin{bmatrix}X(0)\\X(1)\\\vdots\\X(N-1)\end{bmatrix}\tag{2-7-4}$$

可知，$\boldsymbol{X}(k)$ 与 $\boldsymbol{x}(n)$ 分别为 N 列的列矩阵，元素分别写作 $X(0),\cdots,X(N-1)$ 以及

$x(0),\cdots,x(N-1)$。而$\boldsymbol{W}^{nk}$与$\boldsymbol{W}^{-nk}$（$W=\mathrm{e}^{-\mathrm{j}(2\pi/N)}$）分别为$N\times N$方阵，其中各元素分别以$W^{nk}$或$W^{-nk}$表示。这两个方阵是对称矩阵，即

$$\boldsymbol{W}^{nk}=[W^{nk}]^{\mathrm{T}} \tag{2-7-5}$$

$$\boldsymbol{W}^{-nk}=[W^{-nk}]^{\mathrm{T}} \tag{2-7-6}$$

由矩阵式(2-7-3)可以看出，将$\boldsymbol{x}(n)$与$\boldsymbol{W}^{nk}$两两相乘再取和即可得到$\boldsymbol{X}(k)$。每计算一个$\boldsymbol{X}(k)$值，需要进行N次复数相乘和$N-1$次复数相加，当计算$X(0),X(1),\cdots$共N个$\boldsymbol{X}(k)$值时，则需要N^2次复数相乘，$N(N-1)$次复数相加。

随着N值加大，运算工作量将迅速增大，例如，$N=10$时，需要100次复数相乘，而当$N=1024(2^{10})$时，就需要一百万(1048576)次复数乘法运算。按照这种规律，如果在N较大时，要求对信号进行实时处理，所需的运算时间就难以实现。

(2) 由以上分析可知，在$[W]$与$[x(n)]$相乘过程中存在不必要的重复运算。避免这种重复，是简化运算的关键。

(3) 进一步分析矩阵式，可以发现一些不必要的计算和可利用的特性。

①不必要的计算：$W^0=1$；$W^{N/2}=[\mathrm{e}^{-\mathrm{j}2\pi/N}]^{N/2}=-1$。

②$\boldsymbol{W}^{nk}$的周期性：$W^{nk}=W^{n(k+N)}=W^{k(n+N)}$。

③$\boldsymbol{W}^{nk}$的对称性：$W^{(nk+\frac{N}{2})}=-W^{nk}$。

(4) FFT算法有很多种，现在以基-2 FFT算法为例子。

基-2 FFT算法要求N为2的幂。设一个点序列$x(n)$，采样点数$N=2^M$，M是正整数。现取$N=8$进行计算分析。

基-2算法的出发点是把N点DFT运算分解为两组$\frac{N}{2}$点的DFT运算，即把$x(n)$按n为偶数和n为奇数分解为两部分。即

$$X(k)=\mathrm{DFT}[x(n)]=\sum_{n=0}^{N-1}x(n)W_N^{nk}=\sum_{\text{偶数}n}x(n)W_N^{nk}+\sum_{\text{奇数}n}x(n)W_N^{nk}$$

式中：W_N^{nk}的下标N表示取N点DFT计算。若以符号$2r$表示偶数n，$2r+1$表示奇数n，$r=0,1,2,\cdots,(N/2-1)$，则：

$$\begin{aligned}X(k)&=\sum_{r=0}^{N/2-1}x(2r)W_N^{2rk}+\sum_{r=0}^{N/2-1}x(2r+1)W_N^{(2r+1)k}\\&=\sum_{r=0}^{N/2-1}x(2r)\ (W_N^2)^{rk}+W_N^k\sum_{r=0}^{N/2-1}x(2r+1)\ (W_N^2)^{rk}\end{aligned} \tag{2-7-7}$$

又因为　$W_N^2=\mathrm{e}^{-2\mathrm{j}2\pi/N}=\mathrm{e}^{-\mathrm{j}2\pi/N/2}=W_{N/2}$

所以

$$\begin{aligned}X(k)&=\sum_{r=0}^{N/2-1}x(2r)W_{N/2}^{rk}+W_N^k\sum_{r=0}^{N/2-1}x(2r+1)W_{N/2}^{rk}\\&=G(k)+W_N^kH(k)\end{aligned} \tag{2-7-8}$$

式(2-7-7)是k从0到$\left(\frac{N}{2}-1\right)$之间的$\frac{N}{2}$点的$X(k)$的前一半。$X(k)$序列的后一半，即从$\frac{N}{2}$到$(N-2)$点之间的$X(k)$的序列，可利用DFT及系数$W_N^k$的周期性与对称性求得，即：

$$G(k+\frac{N}{2})=G(k),\quad H(k+\frac{N}{2})=H(k),\quad W_N^{(k+\frac{N}{2})}=W_N^{\frac{N}{2}}=-W_N^k$$

所以

$$X(k)=G(k)+W_N^kH(k)$$

$$X(k+\frac{N}{2})=G(k+\frac{N}{2})-W_N^kH(k+\frac{N}{2})=G(k)-W_N^kH(k)\quad (k=0,1,\cdots,\frac{N}{2}-1)$$

则按时间抽取 FFT 算法的基本公式为

$$X(k)=\begin{cases}G(k)+W_N^kH(k) & (k=0\sim\frac{N}{2}-1)\\ G(k)-W_N^kH(k) & (k=\frac{N}{2}\sim N-1)\end{cases}\tag{2-7-9}$$

（5）蝶形运算和排序。

从图 2-7-1 可以看出 FFT 运算是很有规律的。它的每一级运算都由$\frac{N}{2}$个蝶形运算构成，即由一次乘系数 W_N^k 运算和一次加减运算所构成。一个重要的特点是全部运算过程都可以采用原位运算方式。计算第 $m+1$ 列的 p 和 q 上的复数节点时，只需要第 m 列的 p 和 q 位置上的复数节点值。如果将 $X_{m+1}(p)$和 $X_{m+1}(q)$分别存放在原来存 $X_m(p)$和 $X_m(q)$的同一存储寄存器内，则只需要一列存储 N 个复数的寄存器就可以完成整个计算。但是，为了在输出单元保持顺序存放，即按照 $X(0),X(1),\cdots,X(7)$的顺序，那么原位运算的输入 $x(n)$就不能按自然顺序存放在存储单元中，而需要按照某种规律加以存放。这个规律就是将输入序列的序号用二进制表示，然后求它的倒码，即对应于序列的序号排列。这个过程称为位序重排，简称整序，见表 2-7-1。

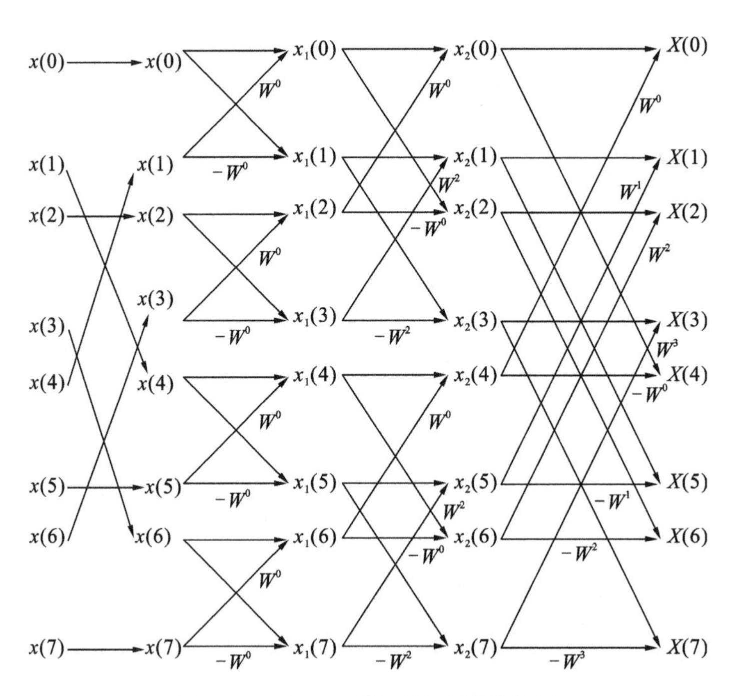

图 2-7-1　$N=8$ 时的 FFT 运算流程图

表 2-7-1　FFT 位序重排

序号	二进制表示	倒码表示	整序号
0	000	000	0
1	001	100	4
2	010	010	2
3	011	110	6
4	100	001	1
5	101	101	5
6	110	011	3
7	111	111	7

四、实验内容

（1）使用 MATLAB 生成一有限长序列。
（2）使用 MATLAB 编写按 DIT 的基-2 FFT 或按 DIF 的基-2 FFT 算法。
（3）对第一步产生的序列进行 FFT 变换，并绘制频谱图，包括振幅谱和相位谱。

五、实验报告要求

（1）对实验内容进行分析，理出完成实验的设计思路；
（2）画出 FFT 蝶形图；
（3）列出程序设计所需的函数；
（4）画出程序设计流程图，包括主程序和各子程序流程图；
（5）根据（2）、（3）、（4）的内容写出实验程序；
（6）调试程序；
（7）列出实验调试过程中所遇到的问题、解决问题的思路和解决的方法。

六、思考题

变化均匀信号和脉冲信号频谱能量的分布情况有何不同？

实验八　系统状态空间设计

一、实验目的

（1）学习系统的能控性、能观测性，判别计算方法；

(2) 掌握极点配置控制器的设计方法。

二、实验设备

(1) 计算机 1 台;
(2) MATLAB 软件 1 套;
(3) LabVIEW 软件 1 套;
(4) DAQ 数据采集卡一张;
(5) 导线若干;
(6) 电子元器件若干;
(7) 电子电路蜂窝板若干;
(8) 传感器若干;
(9) 电磁铁若干;
(10) 打印机 1 台。

三、实验原理

如果给出了对象的状态方程模型,我们希望引入某种控制器,使得闭环系统的极点移动到指定位置,从而改善系统的性能,这就是极点配置。

1. 状态反馈与极点配置

状态反馈是指从状态变量到控制端的反馈,如图 2-8-1 所示。

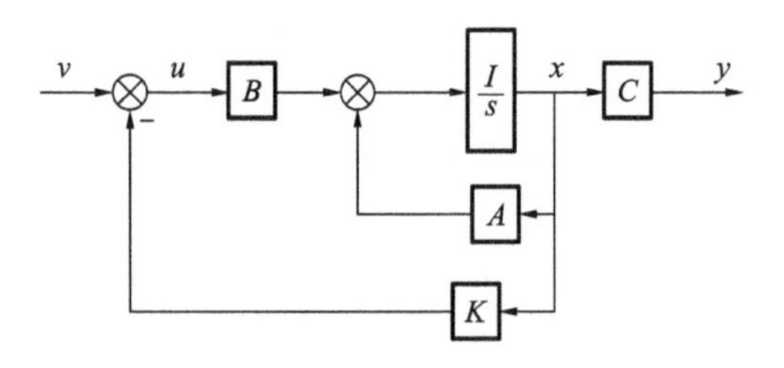

图 2-8-1 状态反馈

设原系统动态方程为

$$\begin{cases} \dot{x}=Ax+Bu \\ y=Cx \end{cases}$$

引入状态反馈后,系统的动态方程为

$$\begin{cases} \dot{x}=(A-BK)x+Bv \\ y=Cx \end{cases}$$

2. 输出反馈与极点配置

输出反馈指从输出端到状态变量导数 $\dot{x}$ 的反馈,如图 2-8-2 所示。

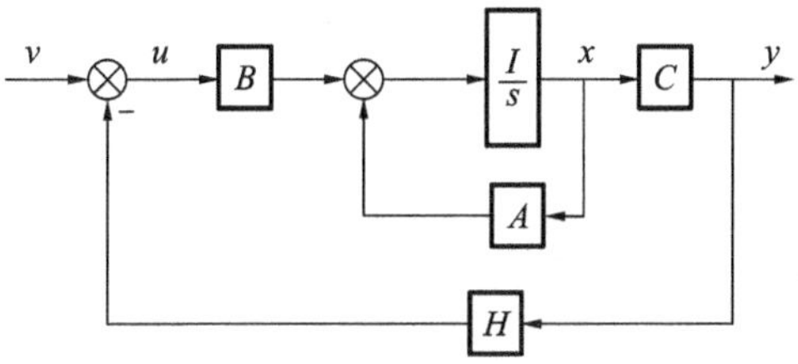

图 2-8-2　输出反馈

设原系统动态方程为

$$\begin{cases}\dot{x}=Ax+Bu\\ y=Cx\end{cases}$$

引入输出反馈后，系统的动态方程为

$$\begin{cases}\dot{x}=(A-HC)x+Bv\\ y=Cx\end{cases}$$

四、实验内容

(1) 已知对象模型

$$\dot{\boldsymbol{x}}=\begin{bmatrix}0 & 1 & 0 & 0\\ 0 & 0 & -1 & 0\\ 0 & 0 & 0 & 1\\ 0 & 0 & 11 & 0\end{bmatrix}x+\begin{bmatrix}0\\ 1\\ 0\\ -1\end{bmatrix}u,\quad \boldsymbol{y}=\begin{bmatrix}1 & 2 & 3 & 4\end{bmatrix}x$$

利用 MATLAB 将闭环系统的极点配置在 $s_{1,2,3,4}=-1,-2,-1+\mathrm{j},-1-\mathrm{j}$。

(2) 已知对象模型

$$\dot{\boldsymbol{x}}=\begin{bmatrix}0 & 1 & 0 & 0\\ 0 & 5 & 0 & 0\\ 0 & 0 & -7 & 0\\ 0 & 0 & 0 & -8\end{bmatrix}x+\begin{bmatrix}1\\ 1\\ 3\\ 4\end{bmatrix}u,\quad \boldsymbol{y}=\begin{bmatrix}0 & 5 & 0 & 8\end{bmatrix}x$$

利用 MATLAB 实现将其中的两个极点配置到 $\hat{s}=-1,-2$。

(3) 已知对象模型

$$\dot{\boldsymbol{x}}(t)=\begin{bmatrix}-0.3 & 0.1 & -0.05\\ 1 & 0.1 & 0\\ -1.5 & -8.9 & -0.05\end{bmatrix}x(t)+\begin{bmatrix}2\\ 0\\ 4\end{bmatrix}u(t)$$

$$\boldsymbol{y}=\begin{bmatrix}1 & 2 & 3\end{bmatrix}x$$

①将闭环系统的极点配置到 $-1,-2,-3$，利用 MATLAB 设计控制器，绘出闭环系统的阶跃响应曲线(说明：用两种方法配置极点)；

②将闭环系统的所有极点均配置到 -1，利用 MATLAB 设计一个控制器。

五、实验报告要求

(1) 提交实验的程序；
(2) 提交各个对象模型控制器的设计思路和设计图纸；
(3) 绘制各个对象模型控制器的响应曲线。

实验九　磁悬浮系统 PID 控制设计

一、实验目的

(1) 以磁悬浮系统为研究对象，掌握 PID 控制器的设计方法；
(2) 以磁悬浮系统为研究对象，通过状态反馈配置极点，改善系统的动态性能；
(3) 比较以上两种控制方法的效果，分析原因。

二、实验设备

(1) 计算机 1 台；
(2) MATLAB 软件 1 套；
(3) LabVIEW 软件 1 套；
(4) DAQ 数据采集卡一张；
(5) 导线若干；
(6) 电子元器件若干；
(7) 电子电路蜂窝板若干；
(8) 传感器若干；
(9) 电磁铁若干；
(10) PROTEL 软件 1 套。
(11) 打印机 1 台。

三、实验原理

1. 磁悬浮模型建立

我们以磁悬浮球为例建立电磁悬浮系统数学模型。磁悬浮球控制系统如图 2-9-1 所示。整个磁路的磁阻近似为

$$R=\frac{2e}{\mu_0 S} \tag{2-9-1}$$

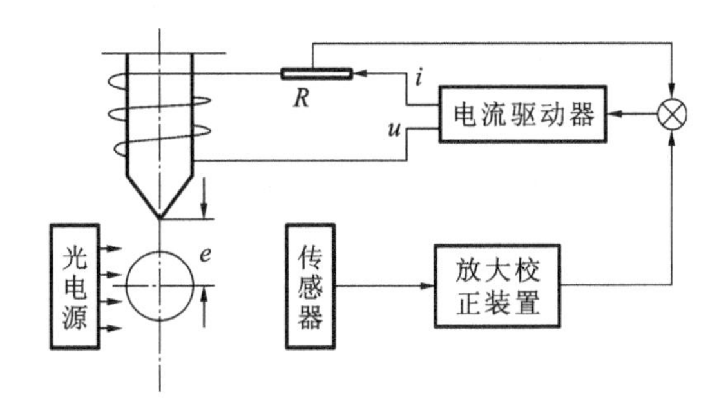

图 2-9-1　磁悬浮球控制系统

式中：μ_0——空气中的磁导率；

e——气隙厚度；

S——气隙的截面积。

气隙中的磁感应强度为

$$B=\frac{\Phi}{S} \tag{2-9-2}$$

式中：Φ——磁通量。

电磁线圈产生的对质量为 M 的钢球产生的电磁吸力为

$$F=\frac{B^2 S}{\mu_0} \tag{2-9-3}$$

由磁路理论知

$$NI=R\Phi \tag{2-9-4}$$

式中：N——线圈匝数；

I——线圈中流过的电流。

由式(2-9-4)得，$\Phi=\frac{NI}{R}$，将其代入式(2-9-2)，得

$$B=\frac{NI}{RS} \tag{2-9-5}$$

将式(2-9-1)和式(2-9-5)代入式(2-9-3)，得

$$F=\frac{\mu_0 SN^2 I^2}{4e^2} \tag{2-9-6}$$

对式(2-9-6)线性化，得

$$\Delta F=F-F_0=K_1(I-I_0)+K_2(e-e_0)=\left.\frac{\partial F}{\partial I}\right|_{e_0}\cdot\Delta I+\left.\frac{\partial F}{\partial e}\right|_{I_0}\cdot\Delta e \tag{2-9-7}$$

式中：$F=K_1 I+K_2 e$；

$F_0=K_1 I_0+K_2 e_0$。

在 $e=e_0$ 处：

$$I_0=\frac{2e_0}{N}\sqrt{\frac{Mg}{\mu_0 S}} \tag{2-9-8}$$

在式(2-9-7)中：

$$K_1=\left.\frac{\partial F}{\partial I}\right|_{I_0,e_0}=\frac{\mu_0 SI_0 N^2}{2e_0^2} \tag{2-9-9}$$

$$K_2=\left.\frac{\partial F}{\partial e}\right|_{I_0,e_0}=\frac{-\mu_0 S I_0^2 N^2}{2e_0^3} \tag{2-9-10}$$

由牛顿第二定律($\sum F=ma$),得到钢球的运动方程:

$$K_1 I+K_2 e-Mg=M\frac{\mathrm{d}^2(-e)}{\mathrm{d}t^2} \tag{2-9-11}$$

对式(2-9-11)进行拉普拉斯变换,得:

$$K_1 I(s)+K_2 e(s)-Mg\cdot\frac{1}{s}=-s^2\cdot Me(s) \tag{2-9-12}$$

整理后得:

$$I(s)=\frac{1}{K_1}\left[\frac{Mg}{s}-K_2 e(s)-Ms^2 e(s)\right] \tag{2-9-13}$$

电路的电压平衡方程式:

$$u(t)=rI(t)+\frac{\mathrm{d}\Phi(t)}{\mathrm{d}t} \tag{2-9-14}$$

$\Phi(t)=L(t)\cdot I(t)$,则:

$$u(t)=rI(t)+L_0\frac{\mathrm{d}I(t)}{\mathrm{d}t}+I_0\frac{\mathrm{d}L}{\mathrm{d}e}\cdot\frac{\mathrm{d}e}{\mathrm{d}t} \tag{2-9-15}$$

而 $L=\frac{\mu_0 N^2 S}{2e}$,$\frac{\mathrm{d}L}{\mathrm{d}e}=\frac{-\mu_0 N^2 S}{2e^2}$,所以:

$$u(t)=rI(t)+L_0\frac{\mathrm{d}I(t)}{\mathrm{d}t}-K_1\frac{\mathrm{d}e}{\mathrm{d}t} \tag{2-9-16}$$

对式(2-9-16)进行拉普拉斯变换,得:

$$U(s)=(r+L_0 s)I(s)-K_1 se(s) \tag{2-9-17}$$

将式(2-9-13)代入式(2-9-17):

$$\begin{aligned}K_1U(s)&=(r+L_0 s)\left[\frac{Mg}{s}-K_2 e(s)-Ms^2 e(s)\right]-K_1^2 se(s)=-L_0Ms^3\cdot e(s)\\&\quad-Mrs^2\cdot e(s)-(L_0K_2+K_1^2)s\cdot e(s)-rK_2e(s)+(r+L_0 s)\cdot\frac{Mg}{s}\end{aligned} \tag{2-9-18}$$

将式(2-9-18)还原微分方程(注:忽略 $L_0Mg\cdot\delta(t)$项),得:

$$L_0M\cdot\dddot{e}(t)+Mr\cdot\ddot{e}(t)+(L_0K_2+K_1^2)\dot{e}(t)+rK_2e(t)=rMg-K_1u(t) \tag{2-9-19}$$

对式(2-9-19)进行代换如下:

设

$$y(t)=e(t)-e_0$$

$$\dot{y}=\dot{e}$$

$$\ddot{y}=\ddot{e}$$

$$\dddot{y}=\dddot{e}$$

$$v(t)=\frac{rMg-rK_2e_0-K_1u(t)}{ML_0}$$

则式(2-9-19)可变为

$$\dddot{y}+\frac{r}{L_0}\ddot{y}+\frac{L_0K_2+K_1^2}{ML_0}\dot{y}+\frac{rK_2}{ML_0}y=v \tag{2-9-20}$$

对式(2-9-20)进行拉普拉斯变换,得:

$$s^3y(s)+\frac{r}{L_0}s^2y(s)+\frac{L_0K_2+K_1^2}{ML_0}sy(s)+\frac{rK_2}{ML_0}=v \tag{2-9-21}$$

则得被控对象传递函数为

$$\frac{y(s)}{v(s)}=\frac{1}{s^3+\frac{r}{L_0}s^2+\frac{L_0K_2+K_1^2}{ML_0}s+\frac{rK_2}{ML_0}} \tag{2-9-22}$$

四、实验内容

(1) 已知磁悬浮系统的模型,设计 PID 调节器。磁悬浮系统模型参数选择如下:

$M=1$ kg　　钢球质量

$S=4$ cm^2　　电磁铁表面积

$N=1000$　　电磁线圈的圈数

$r=2$ Ω　　电磁线圈电阻

$e_0=5$ mm　　钢球与电磁铁之间的控制距离

空气中的磁导率 $\mu_0=4\pi\times10^{-7}$ H/m,电磁线圈和钢球的磁材料的磁导率可看作非常大。由计算得出:

$$K_1\approx14.7$$
$$K_2\approx-3938.8$$
$$L_0=50 \text{ mH}$$
$$I_0\approx1.4 \text{ A}$$

所以式(2-9-22)写成:

$$\frac{y(s)}{v(s)}=\frac{1}{s^3+40s^2+20.5-157552} \tag{2-9-23}$$

式(2-9-23)同样可以写成:

$$\frac{y(s)}{v(s)}=\frac{1}{(s-43.3533)[s+(41.6767-43.5568i)][s+(41.6767+43.5568i)]} \tag{2-9-24}$$

(2) 以磁悬浮系统为研究对象,利用状态反馈配置极点,改善系统的动态性能。

五、实验报告要求

(1) 用 MATLAB 和 LabVIEW 仿真控制系统,选择控制系统元器件的参数,并绘制控制系统的响应曲线;

(2) 用 PROTEL 绘制放大校正装置电路原理图;

(3) 用 PROTEL 绘制控制系统驱动电路原理图;

(4) 设计和搭建整个控制系统实物装置;

(5) 现场调试控制系统实物装置。

六、思考题

(1) 当磁悬浮系统处于平衡状态时，给系统分别加入阶跃扰动信号、连续脉冲扰动信号以及固定扰动信号，分析系统响应情况。

(2) 两种方法控制结果是否相同？如果不同，请分析原因。

实验十 龙门吊车控制系统设计

一、实验目的

(1) 借助正摆实验平台，构思、设计控制策略和控制算法，并编程实现；通过实验设备将物体快速、准确地运输到指定的位置，在吊运的整个过程(起吊、运输、到达目的地)保持较小的摆动角。

(2) 了解系统的组成，并对系统进行任务分解，确定每个子任务需要完成的控制动作，制定相应的控制策略，最后设计控制器，完成对系统的控制。在分析设计过程中还要根据控制理论，对所出现的实验现象进行分析，采取相应的措施，重新调整控制策略和参数，完善实验结果。

二、实验设备

(1) 计算机 1 台；

(2) MATLAB 软件 1 套；

(3) LabVIEW 软件 1 套；

(4) 打印机 1 台。

三、实验原理

龙门吊车物理模型可简化为直线一级倒立摆系统。直线一级顺摆的摆杆在没有外力作用下，会保持静止下垂的状态；在受到外力作用后，由于摩擦力的存在，摆杆会运行到一定的位置而静止下来。对于直线一级顺摆系统而言，可以将其任务分解为两个部分：由于吊车吊动物体的时候会出现晃动的现象，对直线一级顺摆系统而言，相当于摆杆会出现晃动，这部分的任务就是使摆杆受扰后稳定下来；吊车吊动物体稳定后运行到指定的位置，对直线一级顺摆系统而言，相当于让摆杆运行到指定的位置，并保持运动过程中，摆杆保持小角度摆动。

用牛顿力学的方法对顺摆系统进行求解，在忽略了空气阻力和各种摩擦之后，可将直线一级倒立摆系统抽象成小车和匀质杆组成的系统，如图 2-10-1 所示。

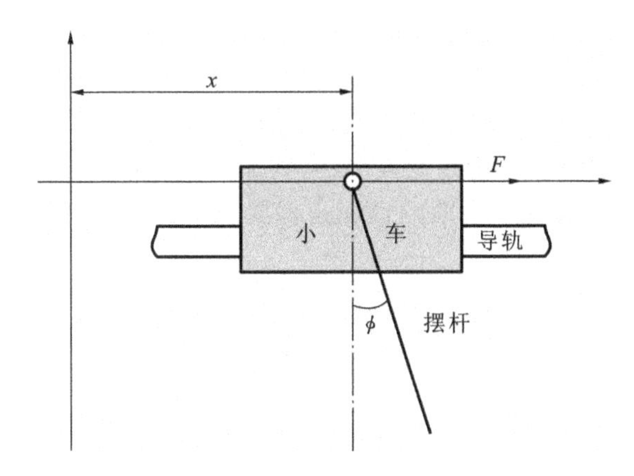

图 2-10-1 直线一级顺摆的物理模型

设 M 为小车质量，m 为摆杆质量，b 为小车摩擦系数，l 为摆杆转动轴心到摆杆质心的长度，I 为摆杆惯量，F 为加在小车上的力，x 为小车位置。分析小车水平方向所受的合力，可以得到以下方程：

$$M\ddot{x}=F-b\dot{x}-N \tag{2-10-1}$$

由摆杆水平方向的受力进行分析可以得到如下等式：

$$N=m\frac{\mathrm{d}^2}{\mathrm{d}t^2}(x+l\sin\phi) \tag{2-10-2}$$

$$N=m\ddot{x}+ml\ddot{\phi}\cos\phi-ml\dot{\phi}^2\sin\phi \tag{2-10-3}$$

把式(2-10-3)代入式(2-10-1)中，就得到系统的第一个运动方程：

$$(M+m)\ddot{x}+b\dot{x}+ml\ddot{\phi}\cos\phi-ml\dot{\phi}^2\sin\phi=F \tag{2-10-4}$$

为了推出系统的第二个运动方程，我们对摆杆垂直方向上的合力进行分析，可以得到如下方程：

$$P-mg=m\frac{\mathrm{d}^2}{\mathrm{d}t^2}(-l\cos\phi) \tag{2-10-5}$$

$$P-mg=ml\ddot{\phi}\sin\phi+ml\dot{\phi}^2\cos\phi \tag{2-10-6}$$

力矩平衡方程如下：

$$-Pl\sin\phi-Nl\cos\phi=I\ddot{\phi} \tag{2-10-7}$$

合并这两个方程，约去 P 和 N，得到第二个运动方程：

$$(I+ml^2)\ddot{\phi}-mgl\sin\phi=-ml\ddot{x}\cos\phi \tag{2-10-8}$$

由于 $\phi\ll1$，可以进行近似处理，即 $\cos\phi=1,\sin\phi=\phi,\left(\frac{\mathrm{d}\phi}{\mathrm{d}t}\right)^2=0$。

用 u 来代表被控对象的输入力 F，线性化后两个运动方程(2-10-4)和(2-10-8)为

$$\begin{cases}(M+m)\ddot{x}+b\dot{x}+ml\ddot{\phi}=u\\(I+ml^2)\ddot{\phi}+mgl\phi=-ml\ddot{x}\end{cases} \tag{2-10-9}$$

四、实验内容

(1) 求取龙门吊车简化物理模型——直线一级倒立摆系统的传递函数。

(2) 设计龙门吊车控制系统，使吊车吊动物体到指定的位置并稳定，具体可以分解为给定扰动完成稳定直线一级顺摆系统，即控制吊车位置和摆杆角度为零和在完成吊车位置和摆杆角度稳定后，快速准确地使摆杆运行到指定设置。

(3) 采用线性二次最优控制 LQR 的方法，实现了控制设备快速、准确地运行到指定的位置，并保持摆杆较小摆角。实现了预期的性能指标要求，使调节时间小于 4 s，最大摆角小于 0.15°。

(4) 用 MATLAB 或者 LabVIEW 对控制系统进行仿真。

五、实验报告要求

(1) 绘制控制系统结构图；
(2) 求取控制系统传递函数的推导过程；
(3) 绘制控制系统仿真分析响应曲线；
(4) 编写控制系统相应程序。

实验十一　基于 Modbus 协议设计测控系统

一、实验目的

(1) 掌握 Modbus 协议的实现方法；
(2) 掌握利用 Modbus 协议进行数据采集和控制的基本设计方法；
(3) 学会综合运用闭环控制和半闭环控制知识；
(4) 实践简单工业控制，掌握系统与设备的调试方法；
(5) 了解工业现场控制与设计的基本方法。

二、实验设备

(1) 计算机 1 台；
(2) MATLAB 软件 1 套；
(3) LabVIEW 软件 1 套；
(4) 数据采集模块 1 个；
(5) 支持 Modbus 协议的电压调节模块 1 个；
(6) 小型电机 1 台；
(7) 电机测速模块 1 个；
(8) 电压表 1 个。

三、实验原理

Modbus 是工业领域重要的协议，它支持 RS232、RS422、RS485 和以太网设备，许多工业设备，包括 PLC、DCS、智能仪表等都在使用 Modbus 协议作为它们之间的通信标准。

Modbus 协议包括 ASCII、RTU、TCP 等，并没有规定物理层，每个 Modbus 数据包包括地址域、功能码域、数据域和校验域四个部分。Modbus 的 ASCII、RTU 协议规定了消息、数据的结构、命令和应答的方式。数据通信采用主从方式，主机端发出数据请求消息，从机端接收到正确消息后就可以发送数据到主机端以响应请求；主机端也可以直接发消息修改从机端的数据，实现双向读写。Modbus 协议需要对数据进行校验，串行协议中除有奇偶校验外，ASCII 模式采用 LRC 校验，RTU 模式采用 16 位 CRC 校验。

Modbus ASCII 模式下，数据包（消息帧）格式如表 2-11-1 所示，消息帧以冒号开始，以回车换行符结束，每个数据包（消息）中字符间发送的时间间隔最长不能超过 1 s，否则接收的设备将认为传输错误。其他域可以使用传输字符 0，…，9，A，…，F。网络上的设备不断侦测冒号字符，当接收到一个冒号时，每个设备都解码下个域（地址域）来判断是否是发给自己的，若是发给自己的，那么将解开数据包并进行校验与解析，否则丢弃该数据包，当接收到一个“#”时，数据包接收完成。

表 2-11-1　Modbus ASCII 模式下的数据包格式

模式	起始	地址	功能	数据		校验		结束
ASCII	:	设备地址	功能代码	起地址	数据 1，数据 2，…，数据 n	LRC 高字节	LRC 低字节	#
范例	:	06	03	00 6B	00 03，00 03，…，00 03			

Modbus RTU 模式下，数据包（消息帧）格式如表 2-11-2 所示。两个数据包（消息帧）间至少要有 3.5 个字符时间的停顿间隔，整个消息帧必须作为一连续的流传输，如果在帧完成之前有超过 1.5 个字符时间的停顿时间，接收设备将假定下一字节是一个新消息的地址域。同样，如果一个新消息在小于 3.5 个字符时间内接着前个消息开始，接收的设备将会认为它是前一消息的延续。这将导致一个错误，所以每两帧间的间隔必须大于 3.5 个字符时间，而在一帧内每个数据间隔不应大于 1.5 个字符时间。

表 2-11-2　Modbus RTU 模式下的数据包格式

模式	起始	地址	功能	数据		校验		结束
RTU	(4T)	设备地址	功能代码	起地址	数据 1，数据 2，…，数据 n	CRC 高字节	CRC 低字节	#
范例		06	03	00 6B	00 03，00 03，…，00 03			

四、实验内容

（1）根据 Modbus 协议内容，利用 LabVIEW 实现 Modbus ASCII 模式和 Modbus RTU 模式，并在 PC 上进行调试；

（2）基于 RS485 和数据采集模块对电压表进行数据采集和联机调试；

（3）基于 RS485 对支持 Modbus 协议的电压调节模块进行联机调试；

(4) 基于 RS485 和数据采集模块对电机测速模块进行数据采集和联机调试；

(5) 基于 RS485 和 Modbus 控制电压调节模块的电压输出，并通过数据采集模块和电压表读取电压调节模块的电压输出值；

(6) 基于 RS485 和 Modbus 控制电压调节模块的电压输出，使电机转速按一定规律变化，并通过数据采集模块读取电机转速变化情况，以及通过电压表获取电压调节模块的电压输出值，最后将采集所得的电机转速和电压调节模块的电压输出值显示到 LabVIEW 的波形控件中。

五、实验报告要求

(1) 编写基于 LabVIEW 实现 Modbus 的框图，并说明各个部分的功能及实现方法；

(2) 写明电机控制思路，并详细说明使电机转速按一定规律变化的具体方法；

(3) 实验总结，包括联机调试方法及心得体会等。

六、思考题

(1) 能否通过 Modbus 协议实现节能电灯的控制？

(2) 能否通过 Modbus 和传感器采集现场数据，并根据现场情况按需控制电灯开与关？

实验十二　振动时效消除工件残余应力控制系统设计

一、实验目的

通过本实验使学生掌握振动消除应力的基本原理及其实现方法的设计，并将理论知识和工程应用结合起来，提高动手能力和拓展工程应用设计思维。同时掌握快速傅里叶变换的原理及实际应用的实现方法，学会测控技术的基本调试方法。

二、实验设备

(1) 计算机 1 台；

(2) MATLAB 软件 1 套；

(3) LabVIEW 软件 1 套；

(4) DAQ 数据采集卡 1 张；

(5) 激振装置 1 个；

(6) 传感器若干；

(7) PWM 调速模块 1 个；

(8) 电机驱动电路板1个;
(9) 小型电机1台;
(10) 电子元器件若干;
(11) 电子电路蜂窝板若干;
(12) 导线若干。

三、实验原理

振动消除应力法又称振动时效法,是将工件(包括铸件、锻件、焊接结构件等)在其固有频率下进行数分钟至数十分钟的振动处理,消除其残余应力,使尺寸精度获得稳定的一种方法。这种工艺具有耗能少、时间短、效果显著等特点,近年来在国内外都得到迅速发展和广泛应用。它的原理是以振动的形式给工件施加附加应力,当附加应力与残余应力叠加后,达到或超过材料的屈服极限时,工件发生微观塑性变形,从而降低和均化工件内的残余应力,并使其尺寸精度达到稳定。随着振动理论、测试技术和激振设备等迅速发展,利用共振方式消除应力已成为一种有效途径,以某种振动方法在工件共振频率下进行振动,可以缩短振动处理时间,消除应力和稳定精度的效果更好,能源消耗也更少。比较典型的是以施加静力或者静力矩方式实现消除应力并达到稳定精度效果,这种方式中附加动力形式主要以冲击、随机振动或周期振动(包括共振)为主。它的主要实现方法是将激振器牢固地夹持在被处理工件的适当位置上,通过对振动设备进行某些参数的测量并进行控制,根据工件固有频率调节激振频率,直至使连接在工件上的振动传感器(速度计或加速度计)所接收的信号达到最大值,这时工件已达到共振。在这种状态下持续振动一段时间,即可达到消除应力、稳定尺寸精度的目的。

根据以上原理,采用电机带动激振机构,给工件施加振动力,用传感器获取工件振动频率,并对其进行频谱分析。根据频谱分析结果调整电机转动速度,实现激振机构频率的调整,使工件与激振机构发生共振,并根据工件振动幅值与时间的关系调整激振时间,进而消除工件残余应力。

随着振动理论、测试技术和激振设备等迅速发展,特别是随着虚拟仪器的发展,信号处理完全可以采取软硬件混合分析与处理方法,可以将复杂、高费用的硬件交予虚拟仪器来完成,这既降低了费用,又降低了系统实现的复杂程度。

四、实验内容

利用激振装置、传感器、PWM模块、电机及其驱动电路搭建振动消除残余应力装置,并在LabVIEW和MATLAB上进行仿真分析,确定控制过程的参数范围,最后通过LabVIEW和MATLAB混合编程方法实现消除工件残余应力。

五、实验报告要求

(1) 写出整个振动消除应力装置的设计思路及实现概要;

(2) 编写仿真分析程序，绘制仿真分析响应曲线，估算控制过程参数范围；

(3) 写出激振装置测控算法框图并提交相应的程序(电子版)；

(4) 根据所设计的实现方法，分析激振装置频率变化的情况，并绘制变化趋势图；

(5) 若测控实验过程中出现异常情况，请分析出现异常的原因及提供调试方法或者思路；

(6) 写一份本实验的心得体会。

六、思考题

(1) 若对消除应力过程有时间限制，请思考如何在所限时间内消除应力并写出相关测控算法；

(2) 若软件实现部分不是在 PC 上进行而是在单片机上进行，请思考如何实现，写出实现方案，并绘制相关图纸。

实验十三　双容水箱液位控制系统设计与仿真

一、实验目的

(1) 通过本次设计，学会系统建模的一般步骤，掌握分析简单系统特性的一般方法，深入理解系统中的控制器、执行器、控制对象等各个部分的作用；

(2) 基本掌握简单系统模型的 PID 参数整定方法，认识 PID 调节器中的 P、I、D 各个参数的功能、特性；

(3) 通过仿真验证串级控制对干扰的强烈抑制能力，学会使用 MATLAB 和 LabVIEW 对实际系统进行仿真的基本方法；

(4) 从设计思想、研究方法和结果分析等多方面培养学习研究能力。

二、实验设备

(1) 计算机 1 台；

(2) MATLAB 软件 1 套；

(3) LabVIEW 软件 1 套；

(4) 打印机 1 台。

三、实验原理

系统建模基本方法有机理法建模和测试法建模两种：机理法建模主要用于生产过程的机理已经被人们充分掌握，并且可以比较确切地加以数学描述的情况；测试法建模是根据工业过程的实际情况对其输入输出进行某些数学处理得到。测试法建模一般较机理法建模简单，特别是对一些高阶的工业生产对象。

双容水箱液位控制模型是一个经典的控制理论教学模型，它具有物理模型简单、概念清晰，便于用控制理论算法进行控制的特点。图 2-13-1 所示双容水箱液位控制系统，由泵 1、2 分别通过第 1、2 支路向上水箱注水，在第 1 支路中设置调节阀，为保持下水箱液位恒定，第 2 支路则通过变频器对下水箱液位施加干扰。

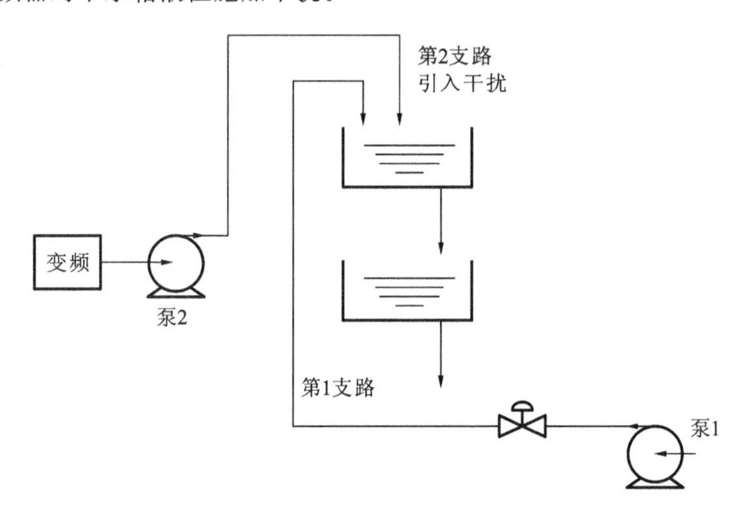

图 2-13-1　双容水箱液位控制系统示意图

对于本设计而言，在该液位控制系统中，建模参数如下。

控制量：水流量 Q。

被控量：下水箱液位。

控制对象特性：

$$G_{p1}(s)=\frac{\Delta H_1(s)}{\Delta U_1(s)}=\frac{2}{5s+1}\text{（上水箱传递函数）}$$

$$G_{p2}(s)=\frac{\Delta H_2(s)}{\Delta Q_2(s)}=\frac{\Delta H_2(s)}{\Delta H_1(s)}=\frac{1}{20s+1}\text{（下水箱传递函数）}$$

控制器：PID。

执行器：控制阀。

干扰信号：在系统单位阶跃给定下运行 10 s 后，施加均值为 0、方差为 0.01 的白噪声。

为保持下水箱液位的稳定，设计中采用闭环系统，将下水箱液位信号经水位检测器送至控制器(PID)，控制器将实际水位与设定值相比较，产生输出信号作用于执行器(控制阀)，从而改变流量以调节水位。当对象是单水箱时，通过不断调整 PID 参数，单闭环控制系统理论上可以达到比较好的效果，系统也将有较好的抗干扰能力。该设计对象属于双水箱系统，整个对象控制通道相对较长，如果采用单闭环控制系统，当上水箱有干扰时，此干扰经过控制通路传递到下水箱，会有很大的延迟，进而使控制器响应滞后，影响控制效果。在实际生产中，如果干扰频繁出现，无论如何调整 PID 参数，都将无法得到满意的效果。考虑到串级控制可以使某些主要干扰提前被发现，及早控制，在内环引入负反馈，检测上水箱液位，将液位信号送至副控制器，然后直接作用于控制阀，以此得到较好的控制效果。

四、实验内容

（1）已知上、下水箱的传递函数，要求画出双容水箱液位控制系统方框图，并分别对系统在有、无干扰作用下的动态过程进行仿真（假设干扰为在系统单位阶跃给定下投运 10 s 后施加的均值为 0、方差为 0.01 的白噪声）。

（2）针对双容水箱液位控制系统设计单回路控制，以维持下水箱液位的恒定，要求画出控制系统方框图，并分别对控制系统在有、无干扰作用下的动态过程进行仿真，其中对 PID 参数的整定要求写出整定的依据（选择何种整定方法，P、I、D 各参数整定的依据如何），对仿真结果进行评述。

（3）针对该受扰的液位系统设计串级控制方案，以维持下水箱液位的恒定，要求画出控制系统方框图及实施方案图，对控制系统的动态过程进行仿真，并对仿真结果进行评述。

五、实验报告要求

（1）绘制控制系统方框图；

（2）确定控制系统中 P、I、D 各环节参数；

（3）绘制控制系统的响应曲线。

实验十四　液位动平衡控制系统设计

一、实验目的

（1）通过实物设计，掌握分析简单系统特性的一般方法，深入理解系统中的控制器、执行器及控制对象等各个部分的作用；

（2）通过仿真验证串级控制对干扰的强烈抑制能力，学会使用 MATLAB 和 LabVIEW 对实际系统进行仿真的基本方法；

（3）从设计思想、研究方法和结果分析等多方面培养研究能力。

二、实验设备

（1）计算机 1 台；

（2）MATLAB 软件 1 套；

（3）LabVIEW 软件 1 套；

(4) 水泵及控制板卡 1 套；

(5) 水管若干；

(6) 数据采集卡 1 张；

(7) 控制阀 1 个；

(8) 压力传感器 1 个；

(9) 液体储存器和液体容器各 1 个；

(10) 打印机 1 台。

三、实验原理

实验装置示意图如图 2-14-1 所示，实验装置主要由泵、电路控制板、液体储存器、液体容器、压力传感器、控制阀、数据采集卡和 PC 组成。电路控制板的主要作用是控制泵转速和获取泵转速；压力传感器的主要作用是检测液体容器底部的压力，通过压强变换可以计算出液体液位高度；控制阀是一个电磁控制阀，PC 可以通过电路控制板控制该控制阀的阀门开合度；数据采集卡是 USB 接口型采集卡，实验中可以通过 LabVIEW 访问该采集卡，本实验中主要用于采集液体容器底部压力。实验装置中泵不断从液体储存器抽取液体并输往液体容器，同时控制阀打开并不断将液体排入液体储存器。若通过控制阀门开合度以及泵转速，使得液体容器液位控制在某一个位置，那么本实验的控制模型实际上可以看作一个闭环过程控制模型。

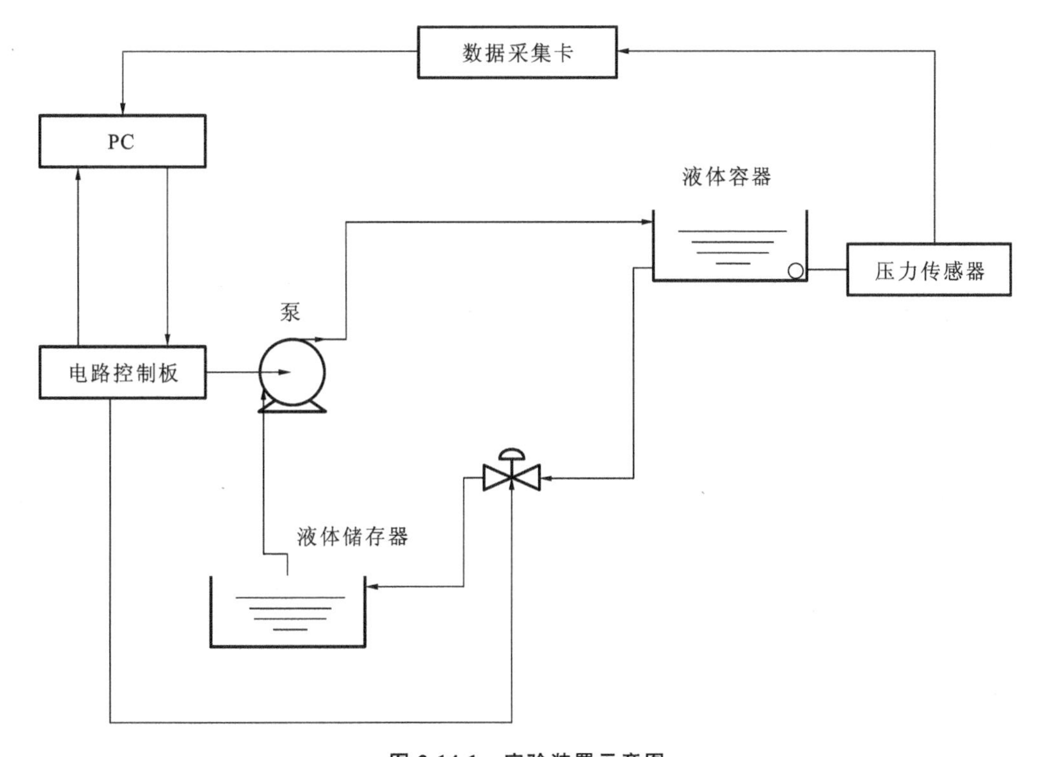

图 2-14-1 实验装置示意图

四、实验内容

（1）在无流量计的情况下，通过动态调整泵转速和控制阀门开合度，使液体容器液位保持在容器的中间高度位置；

（2）推导出控制系统传递函数或者控制模型，在 MATLAB 上仿真，输出相关曲线图，并对仿真结果进行简要评述；

（3）可根据二阶控制系统或者 PID 控制原理，通过泵转速和控制阀阀门开合度，迅速控制液体容器液位到动平衡位置附近，本实验要求动平衡位置在液体容器的中间高度位置；

（4）找出泵转速和控制阀阀门开合度的最佳控制范围或者控制值；

（5）综合 MATLAB 和 LabVIEW，编写相应控制程序和数据采集程序。

五、实验报告要求

（1）推导出控制系统传递函数，并绘制控制系统方框图；

（2）综合 MATLAB 和 LabVIEW，编写相应控制程序和数据采集程序。

实验十五　简支梁固有频率测量

一、实验目的

（1）掌握振动信号分析和模态分析的基本方法；

（2）掌握测量固有频率的基本方法。

二、实验设备

（1）计算机 1 台；

（2）MATLAB 软件 1 套；

（3）LabVIEW 软件 1 套；

（4）简支梁装置 1 台；

（5）NI-6229 数据采集卡 1 张；

（6）速度传感器 2 个；

（7）加速度传感器 2 个；

（8）激振器 1 台；

（9）测振仪 1 台；

（10）激振信号源发生器 1 台；

（11）打印机 1 台。

三、实验原理

实验装置如图 2-15-1 所示。本实验的模型是一矩形截面简支梁，它是一无限自由度系统。从理论上说，它应该有无限个固有频率和主振型，在一般情况下，梁的振动是无穷多个主振型的叠加。如果给梁施加了一个合适大小的激扰力，且该力的频率正好等于梁的某阶固有频率，就会产生共振。对应于这一阶固有频率的确定的振动形态称为这一阶的主振型，这时其他各阶振型的影响小得可以忽略不计。用共振法确定梁的各阶固有频率及振型，首先得找到梁各阶的固有频率，并让激扰力频率等于各阶固有频率，使梁产生共振，然后测定共振状态下梁上各测点的振动幅值，从而确定某一阶主振型。

由弹性体振动理论可知，对于截面为方形的简支梁，横向振动固有频率的理论解为

$$f_0 = 49.15\frac{1}{L^2}\sqrt{\frac{EJ}{Ap}}\ (\text{Hz})$$

式中：L——简支梁的长度(cm)；

E——材料弹性系数(kg/cm^2)；

A——梁的横截面积(cm)；

p——材料比重(kg/cm^3)；

J——梁截面弯曲惯性矩(cm^4)。

对于矩形截面，弯曲惯性矩：

$$J = bh^3/12$$

式中：b——梁横截面宽度(cm)；

h——梁横截面高度(cm)。

各阶固有频率之比：

$$f_1 : f_2 : f_3 : f_4 : \cdots = 1 : 2^2 : 3^3 : 4^2 : \cdots$$

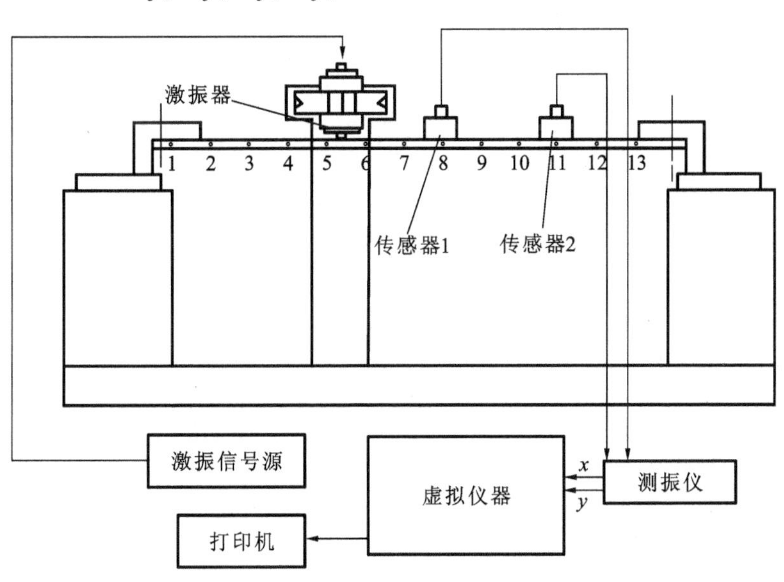

图 2-15-1 简支梁实验装置框图

四、实验内容

(1) 通过实验装置利用 MATLAB 和 LabVIEW 对简支梁固有频率测量方法进行仿真分析;

(2) 在实验装置中接入相应传感器,通过 NI-6229 数据采集卡、MATLAB 和 LabVIEW 测量出简支梁的各阶固有频率;

(3) 运用 LabVIEW 软件控制激振器输出频率,并通过速度传感器测出各个测点的振动信号并加以分析。

五、实验报告要求

(1) 各阶固有频率的理论计算值和实测值分析;

(2) 各测定振幅实测值分析;

(3) 振型图分析;

(4) 将理论计算出的各阶固有频率、理论振型与实测固有频率、实测振型相比较,判断结果是否一致,若不一致,分析产生误差的原因。

实验十六　主动隔振设计

一、实验目的

(1) 掌握主动隔振的基本方法;

(2) 掌握测量、计算主动隔振系数和隔振效率的方法。

二、实验设备

(1) 计算机 1 台;

(2) MATLAB 软件 1 套;

(3) LabVIEW 软件 1 套;

(4) 调压器 1 台;

(5) 调速电机 1 台;

(6) 空气隔振器 1 台;

(7) NI-6229 数据采集卡 1 张;

(8) 速度传感器 2 个;

(9) 加速度传感器 2 个;

(10) 测振仪 1 台；

(11) 激振信号源发生器 1 台；

(12) 打印机 1 台。

三、实验原理

在厂矿中，运行中的机器是很大的振源，它通过机脚、支座传至基座。主动隔振就是隔离振源，使振源的振动经过减振后再传递出去，从而减小振源振动对周围环境和设备的影响。主动隔振又称为积极隔振或动力隔振。

隔振的效果通常用隔振系数 η 和隔振效率 E 来衡量。隔振系数的定义式为

$$\eta=\frac{F_2}{F_1}$$

式中：F_1——隔振前传给基础的力幅；

F_2——隔振后传给基础的力幅。

由上式可知，主动隔振的隔振系数涉及动载荷，测试较为复杂，要做到精确很困难。在工程实践中，测量主动隔振系数常用到间接方法。这里，就本实验用到的方法做一个简要介绍。

通过基础隔振前、后的振幅值 A_1、A_2 计算隔振系数：

$$\eta=\frac{A_2}{A_1}$$

当已安装了隔振器在测量隔振前基础的振动时，为避免拆掉隔振器的麻烦，可采用垫刚性物块的方法，将隔振器"脱离"，然后测量基础振动。

隔振效率 E 的定义式为

$$E=(1-\eta)\times 100\%$$

当频率比为 $0<\lambda<\sqrt{2}$ 时，$\eta>1$，即 $A_2>A_1$，隔振器无隔振作用；当频率比为 $\lambda>\sqrt{2}$ 时，即 $A_2<A_1$，隔振器有隔振作用。当频率比趋于 1 时，即激振频率 f_1/隔振系统固有频率 $f_0=1$ 时，振动幅值很大，这一现象称为共振。共振时，被隔离体系不可能正常工作。

根据以上公式，通过振动模态分析虚拟实验平台测量振动前后系统的幅值，进而求出隔振系数 η 和隔振效率 E。

四、实验内容

(1) 松开隔振器平台(见图 2-16-1)上的四颗螺帽，通过 LabVIEW 和采集卡等测出隔振系统的固有频率。然后启动调速电机，调至一定转速后，测量出激振频率和阻尼比。

(2) 锁紧隔振器平台上的螺帽，使隔振器不起作用，通过 LabVIEW 和采集卡等测量出隔振前基础的振幅值。然后松开隔振器平台上的螺帽，使隔振器起作用，通过 LabVIEW 和采集卡等测量出隔振后基础的振幅值。

(3) 根据实验数据，计算隔振系数和隔振效率。

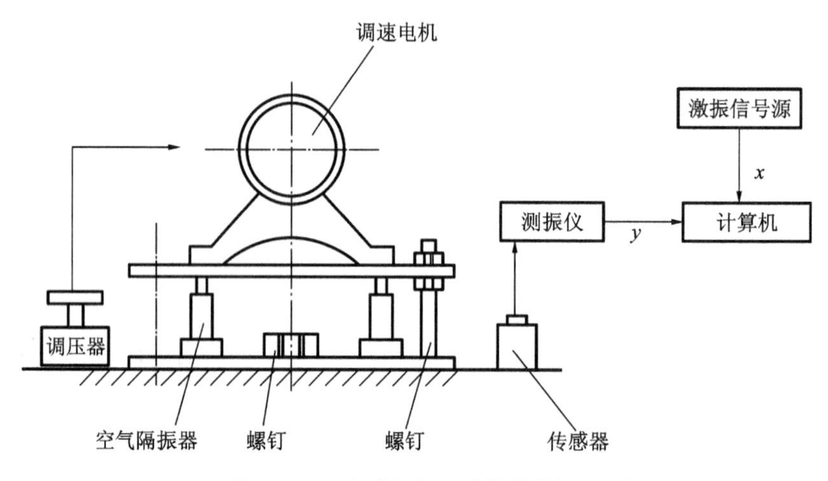

图 2-16-1　主动隔振实验的装置框图

五、实验结果与分析

(1) 实验数据表格。

调节器电压幅值/V	65	70	75	80	85	90
隔振前基础幅值/μm						
隔振后基础幅值/μm						
隔振系数(η)						
隔振效率(E)						

(2) 求主动隔振结果曲线拟合图。

实验十七　被动隔振设计

一、实验目的

(1) 掌握被动隔振的基本方法；

(2) 掌握测量、计算被动隔振系数和隔振效率的方法。

二、实验设备

(1) 计算机 1 台；

(2) MATLAB 软件 1 套；

(3) LabVIEW 软件 1 套；

(4) 简支梁装置 1 台；

(5) NI-6229 数据采集卡 1 张；

(6) 速度传感器 2 个；

(7) 加速度传感器 2 个；

(8) 激振器 1 台；

(9) 测振仪 1 台；

(10) 激振信号源发生器 1 台；

(11) 空气隔振器 1 台；

(12) 打印机 1 台。

三、实验原理

被动隔振是为了防止周围环境的振动通过机脚、支座传至需要保护的精密仪器和设备，故又称为防护隔振，其目的在于隔离或减小振动的传递，也就是隔离响应，使精密仪器和设备不受基座运动引起的振动的影响。

被动隔振的力学模型如图 2-17-1 所示，被隔振的设备置于减振器上，将设备与振动地基隔离开。设备的质量为 m，减振器的刚度为 k，阻尼系数为 c。

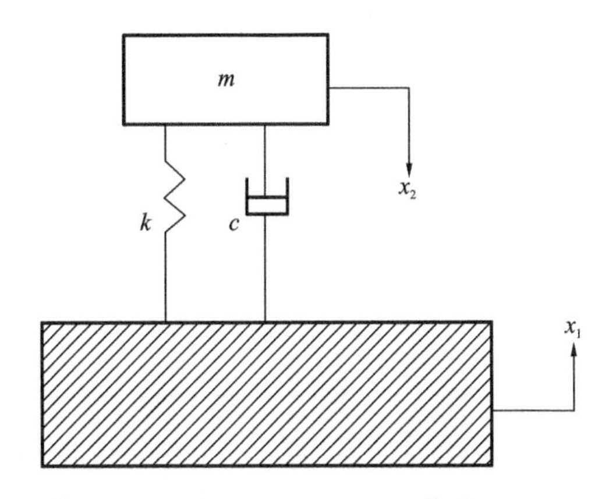

图 2-17-1　被动隔振力学模型

被动隔振的振源是地基。被动隔振的效果可用隔振系数或隔振效率来衡量。其定义式为

$$隔振系数\ \eta=\frac{设备隔振后的振幅值\ A_2}{振源振幅\ A_1}$$

$$隔振效率\ E=(1-\eta)\times 100\%$$

若振源为地基的垂直简谐振动 $x_1=A_1\sin(\omega t)$，由振动理论可知：

$$\eta=\frac{A_1}{A_2}=\frac{\sqrt{1+(2\xi\lambda)^2}}{\sqrt{(1-\lambda^2)^2+(2\xi\lambda)^2}}$$

式中：ξ 为阻尼比，$\xi=\frac{1}{2\pi}\ln\frac{A_1}{A_2}$；$\lambda$ 为频率比，$\lambda=\frac{激振频率\ f_1}{隔振系统固有频率\ f_0}$。

频率比 $0<\lambda<\sqrt{2}$时，$\eta>1$，即 $A_2>A_1$，隔振器没有起到隔振作用。当频率比 $\lambda>\sqrt{2}$时，即

$A_2 < A_1$，隔振器起到隔振的作用。当频率比趋于 1 时，即 $f_1 = f_0$ 时，振动幅值很大，这一现象称为共振。共振时，被隔离体系不可能正常工作。$\lambda = 0.8 \sim 1.2$ 为共振区，要避开共振区应使频率增加或减小 5%，所以无论阻尼大小，只有当 $\lambda > \sqrt{2}$ 时，隔振器才发生作用，隔振系数 η 的值才小于 1。因此，要达到隔振目的，弹性支承固有频率 f_0 的选择必须满足 $f_1/f_0 > \sqrt{2}$。

当 $f_1/f_0 > \sqrt{2}$ 时，随着频率比的不断增大，隔振系数值越来越小，即隔振效果越来越好。但 f_1/f_0 也不宜过大，因为 f_1/f_0 大就意味着隔振装置要设计得很柔软，静挠度要很大，相应地体积要做得很大，会导致安装的稳定性差，容易摇晃。另一方面，$f_1/f_0 > 5$ 以后，η 值的变化并不明显，这表明即使弹性支承设计得更软，隔振效果也不会有显著改善。故实际中一般采用 $f_1/f_0 = 3 \sim 5$，相应的隔振效率 E 可达到(80～90)%以上。

四、实验内容

实验用在电动式激振下振动的简支梁模拟地基，用质量块 m 模拟被隔振的仪器设备，实验装置与测试仪器框图如图 2-17-2 所示。

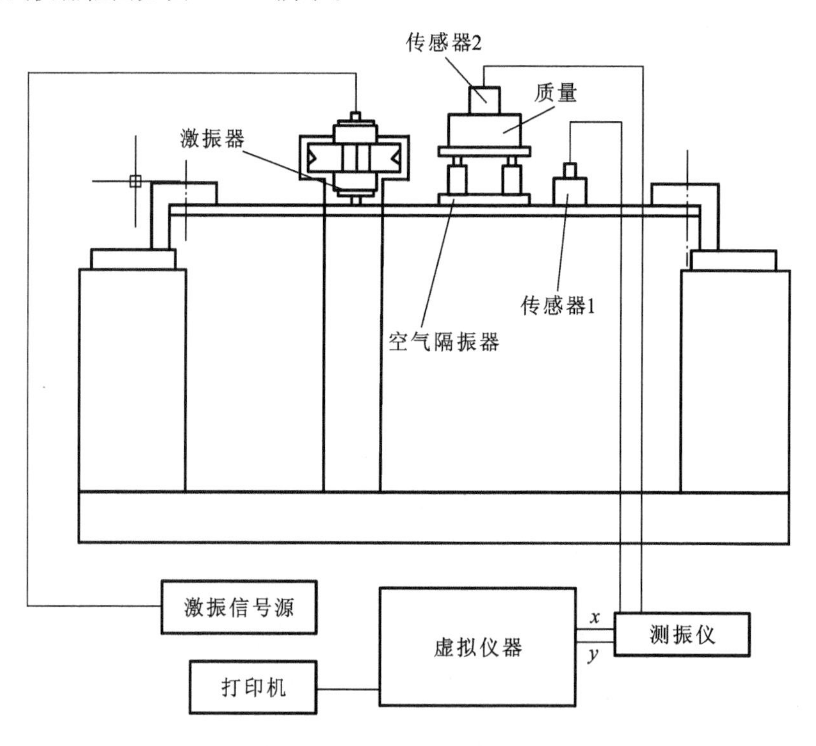

图 2-17-2 被动隔振实验装置图

(1) 将传感器 1、2 分别置于简支梁和质量块上，用来测量简支梁振幅 A_1 和质量块振幅 A_2。并将传感器 1、2 的输出，经信号调理以后，分别接入数据采集卡 AI0 和 AI1 通道。

(2) 把激振器信号接入数据采集卡的 AO0 通道。由低至高调节激振频率，分别测出简支梁振幅 A_1 和质量块振幅 A_2。

(3) 求出隔振系数和隔振效率。

五、实验报告要求

(1) 实验数据。隔振系统固有频率 f_0(20)Hz，将实验测得的数据填入表 2-17-1 中。

表 2-17-1 实验数据

激振频率 f_1/Hz	频率比 $\lambda=f_1/f_0$	振幅 A_1/μm	振幅 A_2/μm	隔振系数 $\eta=A_2/A_1$	隔振效率 $E=(1-\eta)\times100\%$
20	1				
28.28	$\sqrt{2}$				
40	2				
60	3				
80	4				
100	5				

(2) 根据测量数据绘制 E-λ 曲线。

实验十八 温度采集系统设计

一、实验目的

(1) 掌握 A/D 转换原理；
(2) 掌握温度测量原理；
(3) 掌握数据采集系统的基本设计方法；
(4) 掌握测控系统中电子电路基本设计方法；
(5) 学会实际应用数模转换电路、测量信号调理电路和温度传感器。

二、实验设备

(1) 计算机 1 台；
(2) MATLAB 软件 1 套；
(3) LabVIEW 软件 1 套；
(4) Protel 软件 1 套；
(5) 热水杯 1 个；
(6) AT89S51 单片机 1 个；
(7) MEGA8 单片机 1 个；
(8) ADC0809 芯片 2 个；
(9) LM339 芯片 2 个；

(10) 稳压芯片 2 个；

(11) 蜂窝板 2 张；

(12) 铜板 2 张；

(13) 5V/12V 开关电源 1 个；

(14) 其他电子元器件若干；

(15) 导线若干；

(16) 电路焊接工具 1 套。

三、实验原理

整个设计实验的原理图如图 2-18-1 所示。温度传感器采用 NS 公司生产的 LM35，其具有较高的工作精度和较宽的线性工作范围，输出电压与摄氏温度线性成比例。LM35 输出电压与摄氏温度的线性关系可用公式 $V_{OUT\_LM35}(T)=10\ \text{mV/℃}\times T\ ℃$ 表示。LM35 电源供应模式分为单电源供电模式和正负双电源供电模式两种，一般情况下，正负双电源供电模式由于能够较好消除零漂移等，因此能够获得比单电源供电模式更好的测量结果。两供电模式电路接法如图 2-18-2 所示。

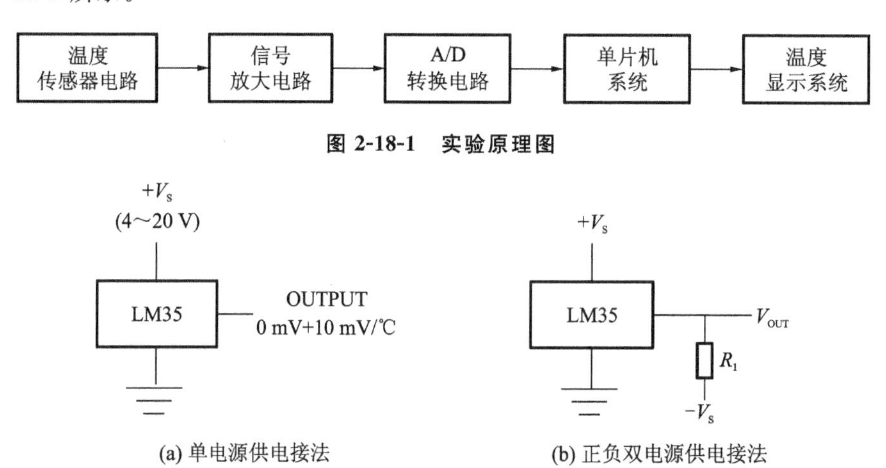

图 2-18-1 实验原理图

图 2-18-2 两种供电模式电路接法图

由于温度传感器 LM35 输出的电压范围为 0～0.99 V，温度信号较弱，需要对其进行放大。否则，经 A/D 转换之后所得的数字量将很小，精度将会很低，容易造成测量误差过大。对于温度信号的放大，可以选用通用性放大器如 LM339 和 μA741 等进行放大，并利用放大器特性实现阻抗匹配和噪声抑制等，以求获取适合的信号值和满足测量要求的数字量。例如选用 μA741 放大器进行 5 倍放大，其放大原理图如图 2-18-3 所示。

单片机可以采用 ATMEL 公司的 AT89S51/52 系列或者 AVR 8 位单片系列，温度显示可以选用几个 8 段数码管构成并自行实现数码管的扫描显示。A/D 转换模块可以选用 AVR 单片机内置的 A/D 转换功能或者 ADC0809 等 8 位 A/D 转换芯片。RS232 通信控制电路可以选用 MAX232 做核心或者选用二极管和三极管构建。

假定选用本实验放大电路样例为实际所采用的放大电路，则单片机内部数据处理方法样

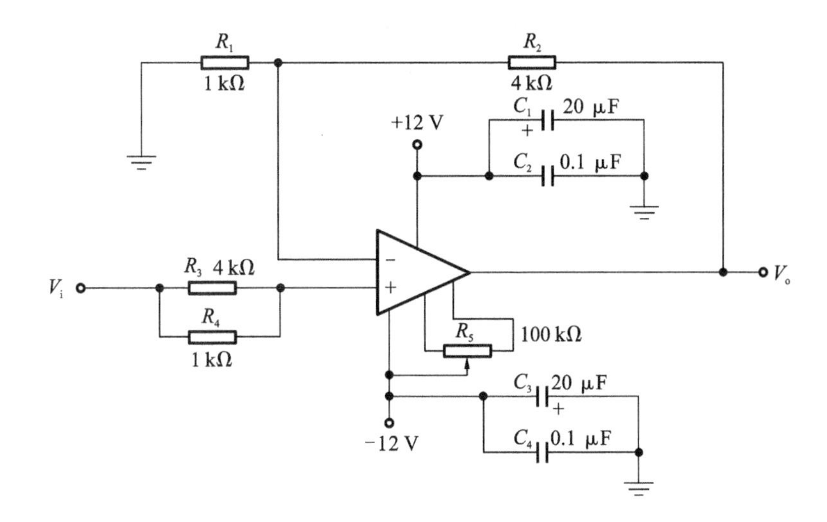

图 2-18-3 温度信号放大电路原理图

例如下。由于通过 ADC0809 进行 A/D 转换之后得到的是与实际温度成正比的数字量，即 0101 串数字量，但是整个设计实验最终要求保存和显示的是实际温度值，因此需要通过单片机对数据进行相应变换。设所测温度值为 T，A/D 转换后的数字量为 X，则有 $V_{OUT\_LM35}(T)=10\ mV/℃\times T$ ℃，其中 LM35 是温度传感器的输出电压，即运算放大器的输入电压，V_1 是运算放大器的输出电压，因此根据样例放大电路原理图，则有 V_1 与 V_{OUT} 和 V_1 与 T 的关系为 $V_1=5\times V_{OUT}=0.05\times T$。由于 ADC0809 是 8 位 A/D 转换器，因此其输出的数字量范围是 0～255。根据此条件并进一步换算可得到 $0.05T/5=X/225$，由于一个字节有 8 位，为了方便单片机进行数据处理，加快单片机的运算效率，可将上式近似写为 $0.05T/5=X/256$。可通过对 X 右移 8 位来实现上述步骤。

四、实验内容

利用温度传感器对热水杯进行测量，将测量所得温度信号转为电压信号并放大，再将放大后与温度值对应的电压信号进行 A/D 转换，然后将所得数字信号送往单片机进行处理，最终温度信息送到显示模块显示并通过 RS-232 传给 PC 进行保存，同时还要设计并实现 PC 通过 RS-232 通信向单片机下发指令定时采集温度信息。整个设计实验需要完成温度传感器电路、信号放大电路、A/D 转换电路、单片机系统、温度显示以及单片机与 PC 的通信，并编制相应的数据处理程序、显示控制程序和通信控制程序。

五、实验报告

(1) 提交整个设计实验的电气原理图一张(电子版)；

(2) 所设计的实验装置(完成制作后现场演示)；

(3) 单片机和 PC 通信协议内容；

(4) 放大电路各主要元器件参数及其选择依据(要求写出主要推导运算);

(5) 整个设计实验程序部分(电子版)。

六、思考题

若温度采集的数据处理和控制程序要求用 LabVIEW 实现,请思考该设计方案并论证方案可行性,最后根据方案自行设计该实验。

实验十九　转速测量系统设计

一、实验目的

(1) 理解转速测量装置原理;

(2) 掌握回转机械转速测量的基本方法。

二、实验设备

(1) 计算机 1 台;

(2) MATLAB 软件 1 套;

(3) LabVIEW 软件 1 套;

(4) 磁电转速传感器 1 台;

(5) 直射型光电转速计 1 台;

(6) NI-6229 数据采集卡 1 张;

(7) 打印机 1 台。

三、实验原理

1. 光电转速传感器测量转速原理

直射型光电转速计的工作原理如图 2-19-1 所示。被测转轴上装有调制盘(带孔或带齿的圆盘),调制盘的一边设置光源,另一边设置光电元件。调制盘随轴转动,当光线通过小孔或齿缝时,光电元件就产生一个电脉冲。转轴连续转动,光电元件就输出一列与转速及调制盘上的孔(或齿)数成正比的电脉冲数。在孔(或齿)数一定时,脉冲数就和转速成正比。电脉冲输入测量电路后经放大整形,再送入频率计计数显示。光电转速传感器由开孔圆盘、光源、光敏元件及缝隙板等组成。开孔圆盘的输入轴与被测轴相连接,光源发出的光,通过开孔圆盘和缝隙板照射到光敏元件上被光敏元件所接收,将光信号转为电信号输出。开孔圆盘上有许多小孔,开孔圆盘旋转一周，光敏元件输出的电脉冲个数等于圆盘的开孔数，因此，可通过测量光敏元件输出的脉冲频率，得知被测转速，即：

$$n=\frac{f}{N}$$

式中：n——转速；

f——脉冲频率；

N——圆盘开孔数。

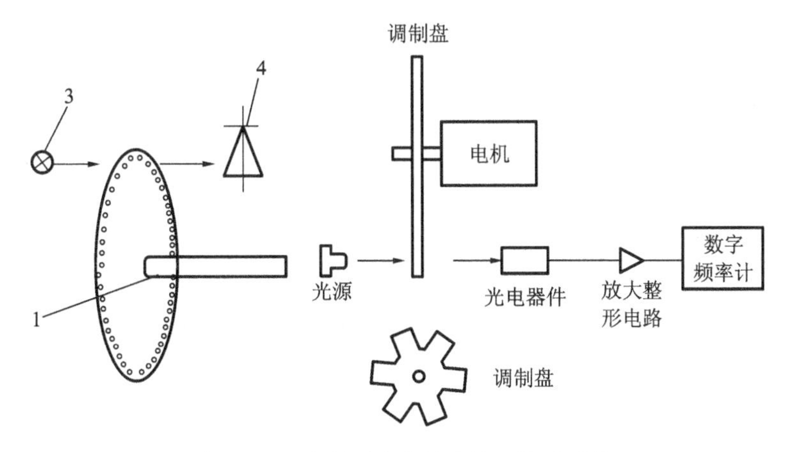

图 2-19-1　直射型光电转速计工作原理图

2. 磁电传感器测量转速

磁电传感器的内部结构请参考图 2-19-2，它的核心部件有衔铁、磁钢、线圈几个部分，衔铁的后部与磁性很强的磁钢相接，衔铁的前端有固定片，其材料是黄铜，不导磁。线圈缠绕在骨架上并固定在传感器内部。为了传感器的可靠性，在传感器的后部填入了环氧树脂以固定引线和内部结构。

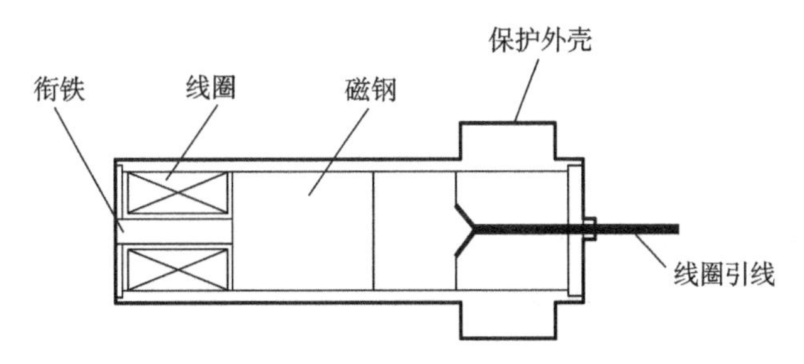

图 2-19-2　磁电传感器的内部结构

使用时，磁电转速传感器是和测速齿轮配合使用的，如图 2-19-3 所示。测速齿轮的材料是导磁的软磁材料，如钢、铁、镍等金属或者合金。测速齿轮的齿顶与传感器的距离 d 比较小，通常按照传感器的安装要求 d 约为 1 mm。齿轮的齿数为定值（通常为 60 齿）。这样，当测速齿轮随被测旋转轴同步旋转的时候，齿轮的齿顶和齿根会均匀地经过传感器的表面，引起磁隙变化。在探头线圈中产生感生电动势，在一定的转速范围内，其幅度与转速成正比，转速越高输出的电压越高，输出频率与转速成正比。

那么，在已知测速齿轮齿数的情况下，测得脉冲的频率就可以计算出测速齿轮的转速。如设齿轮齿数为 N，转速为 n，脉冲频率为 f，则有：

$$n=f/N$$

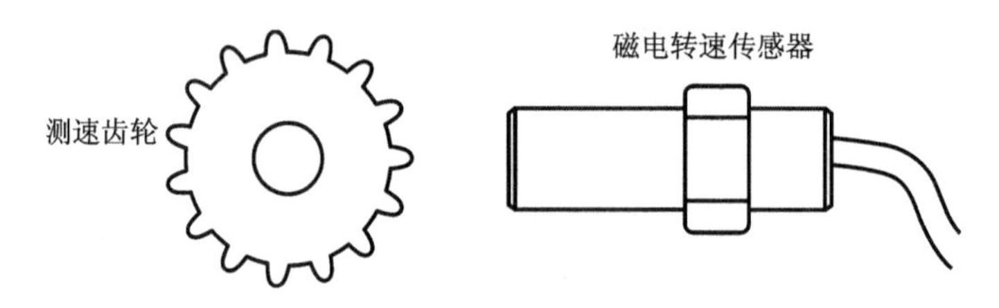

图 2-19-3　直射式光电转速传感器的工作方式

通常,转速的单位是转/分钟(r/min),所以要将上述公式的得数再乘以 60,才能得到以 r/min为单位的转速数据,即 $n=60\times f/N$。在使用 60 齿的测速齿轮时,就可以得到一个简单的转速公式 $n=f$。所以,就可以使用频率计测量转速。这就是在工业中转速测量中测速齿轮多为 60 齿的原因。

四、实验内容

基于 LabVIEW 和 MATLAB 设计转速测量平台,对实物进行转速测量,并分析测量结果。

五、思考题

根据转速测量原理,基于 LabVIEW 软件,自行编写转速测量实验,并结合硬件进行调试。

实验二十　转子动平衡系统设计

一、实验目的

(1) 理解回转机械动平衡基本原理;
(2) 掌握回转机械动平衡控制的基本方法。

二、实验设备

(1) 计算机 1 台;
(2) MATLAB 软件 1 套;
(3) LabVIEW 软件 1 套;
(4) 动圈式速度传感器 1 个;
(5) 压电式速度传感器 1 个;
(6) NI-6229 数据采集卡 1 张;
(7) 打印机 1 台。

三、实验原理

平衡问题是一个十分重要的问题，特别是转子系统。生产现场各类回转机械的振动，有35%是由于转子侵蚀磨损、结垢、掉块等引起的。不断加剧的振动，会加剧轴承损坏，引起轴承温升，最终使生产被迫中断。

通常情况下，造成转子不平衡的原因是多方面的，而且有些不平衡问题是不容易在转子上找到一个准确的配重来消除的，如转子的腐蚀可能就遍布整个转子的表面。但是所有的缺陷导致的结果都是重心 G 的偏移，所以只要能够加一个配重使重心回到旋转轴心就达到了平衡的目的，如图 2-20-1 所示。

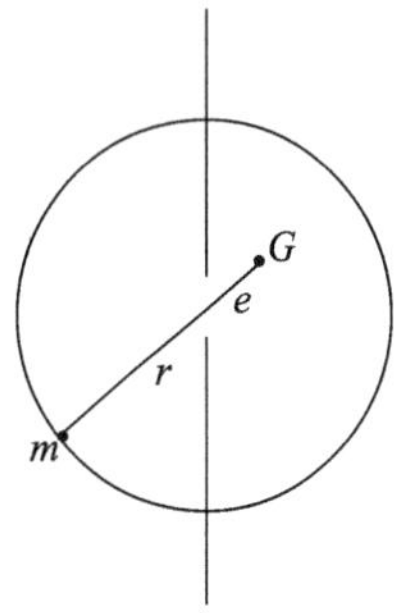

所加配重质量的计算公式如下：

$$m=M\times\frac{e}{r}$$

图 2-20-1 加配重示意图

式中：M——转子的质量；

e——偏心距，即重心和旋转轴心之间的距离；

r——配重的半径，即配重与旋转轴心之间的距离；

m——配重的质量。

对于像圆盘这类轴向尺寸很短的转子，在单面加一个配重就可以达到平衡的目的。如果转子的轴向尺寸很长，可能存在几类不平衡，单面加配重不能达到理想的效果，可以用双面加配重的方法达到平衡的目的。

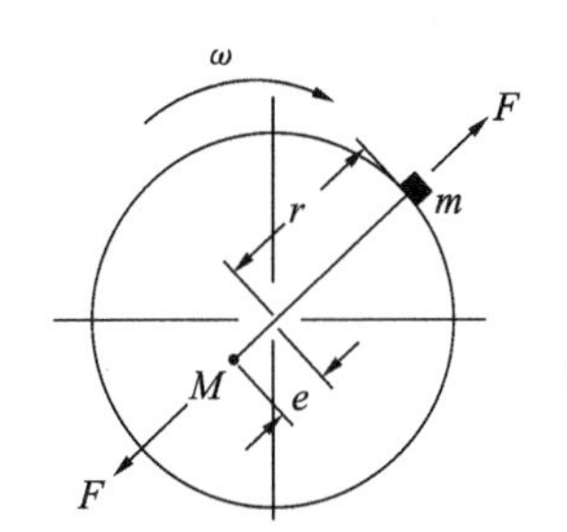

图 2-20-2 转子平衡的原理

转子平衡的原理如图 2-20-2 所示。

转盘以角速度 ω 转动，在转盘上距圆心 e 处有一不平衡质量 M，则它所产生的离心力 $F=Me\omega^2$，这里用 U 表示不平衡量，即 $U=Me$。为使转盘旋转时保持平衡，在距圆心 r 处即转盘表面加质量为 m 的是试块，抵消由 M 产生的不平衡量，即：

$$U=Me=Mr(g\cdot m)$$

动平衡又称双面平衡。对于轴向尺寸较长的刚性转子，可将转子视为由许多与轴线垂直的薄圆盘组成。如各圆盘的重心都不在转动轴上，当转子旋转时，各圆盘均产生不平衡惯性力 F_i、F_j，如果将 F_i、F_j 分别向任意选定的与轴线垂直的两个平面Ⅰ、Ⅱ分解，分别求出合力 R_{I}、R_{II}。转子在 R_{I}、R_{II} 的作用下引起的振动与 F_i、F_j 所引起的振动是完全相同的。如果利用静平衡的方法，分别在平面Ⅰ、Ⅱ上进行校正，适当地加重或去重，便可消除 R_{I}、R_{II} 的影响，使转子得到平衡。

四、实验内容

实验装置如图 2-20-3 所示。实验要求运用 LabVIEW 设计转子动平衡控制系统，并基于单面现场动平衡的三点加重法分析刚性转子动平衡。实验时在转子实验台的配重盘上选取一个位置(比如贴反光纸的位置)作为初始位置，然后用转子实验台附件中的螺钉作为不平衡质量，加在配重盘上。然后按三点加重法进行测量估算，得到不平衡重量和位置。实验基本步骤为：设定初始位置，反光纸所在的位置为 $a=0$；测量不加重时振动信号 v_0 的大小；把螺钉作为不平衡的质量，测量螺钉的质量；分别测定 $a=0$、$a=180°$、$a=270°$时，用螺钉加重后振动信号 v_1、v_2、v_3 的大小；通过公式求出不平衡点的位置 a 和质量 m。

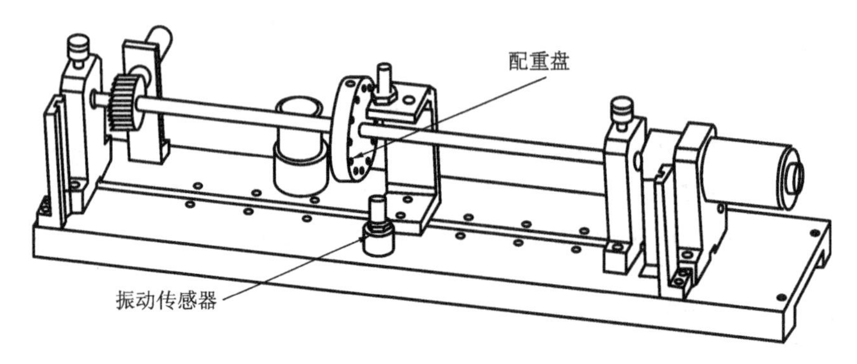

图 2-20-3 转子平衡的实验装置

五、实验结果与分析

将实验结果填入表 2-20-1 中。

表 2-20-1 转子平衡实验数据

过程量					结果	
螺钉质量/g	不加重时 v_0	0 加重 v_1	180°加重 v_2	270°加重 v_3	不平衡位置/(°)	不平衡质量/g

六、思考题

基于 LabVIEW 软件，自行编写转子动平衡实验程序。

实验二十一 电子称重设计

一、实验目的

(1) 理解用应变片测力环制作电子秤进行物品称重的原理；

(2) 掌握对称重实验台进行标定和测量误差修正的方法。

二、实验设备

(1) 计算机 1 台；
(2) MATLAB 软件 1 套；
(3) LabVIEW 软件 1 套；
(4) 应变传感器 1 个；
(5) NI-6229 数据采集卡 1 张；
(6) 打印机 1 台。

三、实验原理

应变传感器是用于检测物体的机械变形的传感器。广泛采用的应变传感器是应变计。应变计的原理是，当电阻器受到外力作用时，会产生形变，由此而引起电阻器的电阻值变化。通过对机械形变的检测，就可以测量出物体所承受的应力。

应变计的结构如图 2-21-1 所示，它是由电阻器贴附在基板上，再将引出线连接到电阻器上而构成的。应变计的中心轴叫作应变计轴；电阻器基本上都是沿该轴平行地多次曲折往返后，形成的栅状结构。

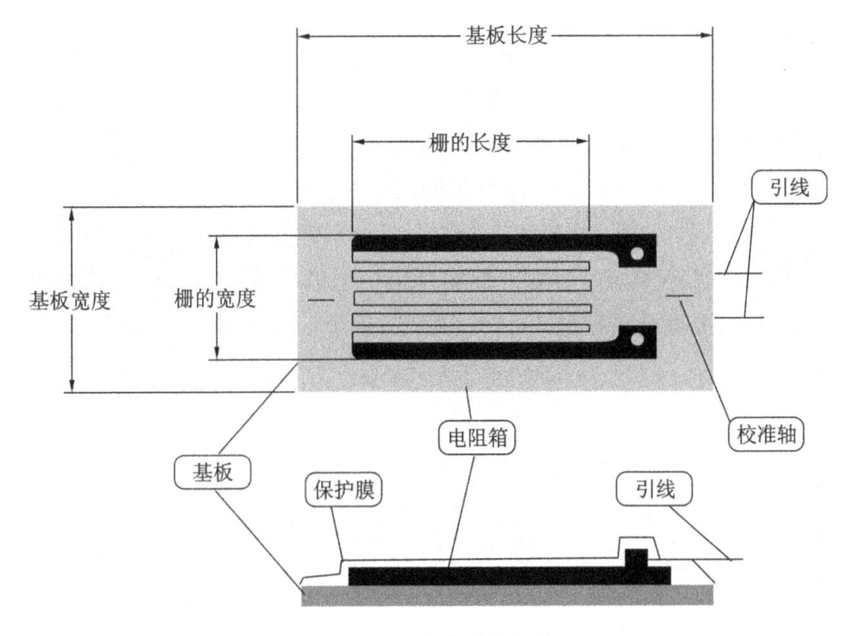

图 2-21-1 应变计的结构

使用应变计的基本电路如图 2-21-2 所示。应变计的电阻值变化很小，其电阻值不是直接进行测量的，通常为了扩大其动态范围，使用时都将其组成桥式结构。而其桥式结构一般是在 $R_1 \sim R_4$ 4 个电阻器中，有 2 个为传感器、2 个为固定电阻器的半桥结构，或者 4 个电阻器全部为传感器的全桥结构。如果构成了桥式结构，传感器的温度特性（零点漂移和灵敏度偏离）都会减轻，这是桥式结构的一大优点。

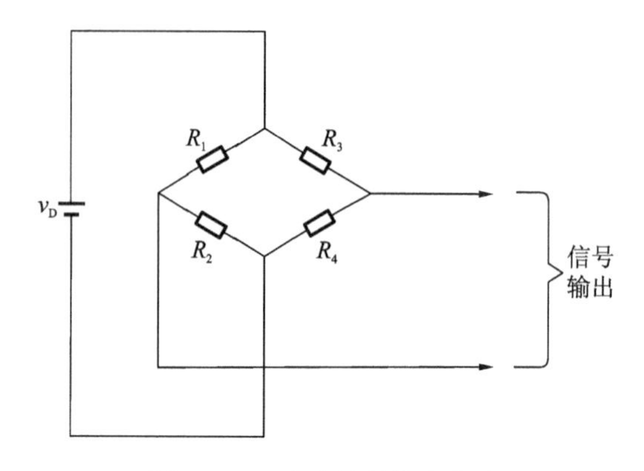

图 2-21-2 应变计的基本电路

为提高测量精度，称重实验台使用前可用标准砝码对其进行标定，得到物料质量与输出电压的关系曲线。实际使用时根据测量电压按该曲线反求出实际质量就可以了。

本实验的电阻应变计采用的是惠斯通全桥电路，当物料加到载物台后，4 个应变片会发生变形，产生电压输出，经采样后送到计算机，由 DRVI 快速可重组虚拟仪器平台软件处理。因为电桥在生产时有一些误差，不可能保证每一个电桥的电阻器阻值和斜率保持一致。所以，传感器在使用之前必须经过线性校正，这是由于计算机得到的是经过采样后的数字量，该数字量与真实质量之间是一种线性关系，需要由标定来得到这个关系。图 2-21-3 是力传感器的输入与输出对应关系的示意图。

在图 2-21-3 中：y 轴表示传感器的输出（电压）；x 轴表示传感器的输入（力）；L_0 是原始数学对应关系；k 表示 L_0 的斜率，它实际上对应于力传感器的灵敏度；b 表示 L_0 的截距，它实际上表示的是力传感器的零位（即传感器在没有施加外力的情况下的输出电压）。图 2-21-3(a)表示的是随着截距 b 的改变，其数学对应关系的改变情况。图 2-21-3(b)表示的是截距 b 不改变，随着斜率改变，传感器的数学关系的改变情况。分别调整称重台的零位电位器和增益电位器实际就是改变截距 b 和灵敏度 k。在实验的过程中可以调整这两个电位器来观察传感器的曲线变化。调整后，需要做全量程的 5～10 点标定，记录下标定结果，并根据结果作图。

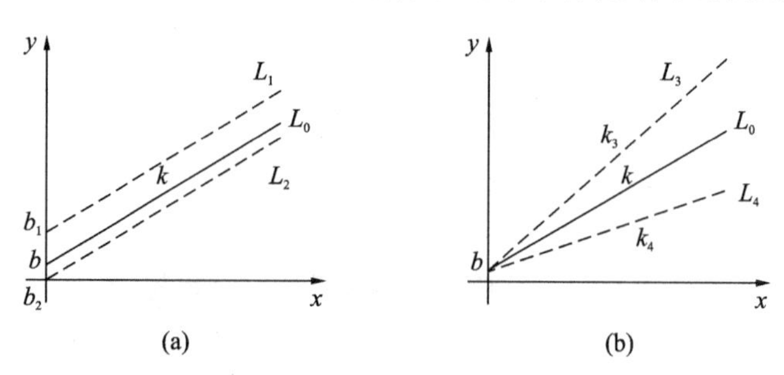

图 2-21-3 力传感器输入/输出关系示意图

在实验中采用的力传感器是 DRYB-5-A 型应变力传感器，它具有精度高、复现性好的特点。需要特别强调的是：由于力传感器的过载能力有限（150%），所以，在实际使用过程中应尽量避免用力压传感器的头部或冲击传感器，否则，极易导致传感器因过载而损坏。

四、实验步骤与内容

利用 LabVIEW、应变式力传感器和采集卡设计称重系统，并对称重实验台进行标定，最后进行称重实验及误差分析。实验步骤如下：

步骤一：设置采样参数，进行信号采集。

步骤二：标定。用两个已知质量的砝码，标定输入信号的电压大小。

步骤三：曲线拟合。求出力的传感器曲线，得出曲线斜率、截距等参数。

步骤四：实测。测定待测物体质量。

五、实验报告要求

(1) 基于 LabVIEW 软件编写应变式力传感器实验程序；

(2) 绘制控制系统方框图；

(3) 分析实验误差产生原因。

实验二十二　无损检测设计

一、实验目的

(1) 理解无损检测的基本原理；

(2) 掌握基于霍尔传感器进行无损检测的基本方法。

二、实验设备

(1) 计算机 1 台；

(2) MATLAB 软件 1 套；

(3) LabVIEW 软件 1 套；

(4) 霍尔传感器 1 个；

(5) NI-6229 数据采集卡 1 张；

(6) 带有裂缝和小孔的钢管 1 根；

(7) 打印机 1 台。

三、实验原理

1. 无损检测的基本原理和方法

无损检测(nondestructive testing,缩写为 NDT),就是研发和应用各种技术方法,以不损害被检对象未来用途和功能的方式,为探测、定位、测量和评估缺陷,评估完整性、性能和成分,测量几何特征,而对材料和零部件所进行的检测。一般来说,缺陷检测是无损检测中最重要的方面。因此,从狭义角度而言,无损检测是基于材料的物理性能有缺陷而发生变化这一事实,在不改变、不损害材料和工件的状态和使用性能的前提下,测定其变化量,从而判断材料和零部件是否存在缺陷的技术。也就是说,无损检测是利用材料组织结构异常引起物理变化的原理,反过来用物理量的变化来推断材料组织结构的异常。

根据物理原理的不同,无损检测方法多种多样。工程应用中最普遍采用的有涡流检测(ET)、液体渗透检测(PT)、磁粉检测(MT)、射线照相检测(RT)和超声检测(UT),称为五大常规无损检测方法。其中,射线照相检测和超声检测主要用于检测内部缺陷,磁粉检测和涡流检测可以检测表面和近表面缺陷,液体渗透检测只能检测表面开口缺陷。已获工程应用的其他无损检测方法主要有:声发射检测、计算机层析成像检测、全息干涉/错位散斑干涉检测、泄漏检测、目视检测和红外检测。

本实验平台主要应用的是涡流检测方法。涡流检测是以电磁感应原理为基础的一种常规无损检测方法,适用于导电材料。如果把导电金属材料置于交变磁场中,在导体中将会感生出涡旋电流,即涡流。由于导体自身各种因素,如电导率、磁导率、形状、尺寸和缺陷等的变化,会引起感应电流的大小和分布的变化,根据此变化可检测导体缺陷、膜层厚度和导体的某些性能,还可用以进行材质分选。

涡流检测具有以下特点:

(1) 检测时,线圈不需接触被检对象,也不需耦合介质,因此检测速度快,易于实现自动化检测,特别适合于管、棒材的检测。

(2) 对于表面和近表面缺陷有较高的检测灵敏度,且在一定的范围内具有良好的线性指标,可对大小不同的缺陷进行评价。

(3) 能在高温状态下进行管、棒、线材的探伤。

(4) 能较好地适用于形状较复杂零件的检测。

2. 霍尔传感器

霍尔传感器是基于霍尔效应将被测量如电流、磁场、位移、压力、压差和转速等转换成电动势输出的一种传感器。虽然它的转换率较低,温度影响大,要求转换精度较高时必须进行温度补偿,但霍尔式传感器结构简单,体积小,坚固,频率响应宽(从直流到微波),动态范围(输出电动势的变化)大,非接触,使用寿命长,可靠性高,易于微型化和集成化。因此在测量技术、自动化技术和信息处理等方面得到了广泛的应用。霍尔效应是物质在磁场中表现的一种特性,它是运动电荷在磁场中受到洛伦兹力作用的结果。当把一块金属或半导体薄片垂直放在磁感应

强度为 B 的磁场中，沿着垂直于磁场方向通过电流 I，就会在薄片的另一对侧面间产生电动势 U_H，如图 2-22-1 所示。这种现象称为霍尔效应，所产生的电动势称为霍尔电动势，这种薄片称为霍尔片或霍尔元件。

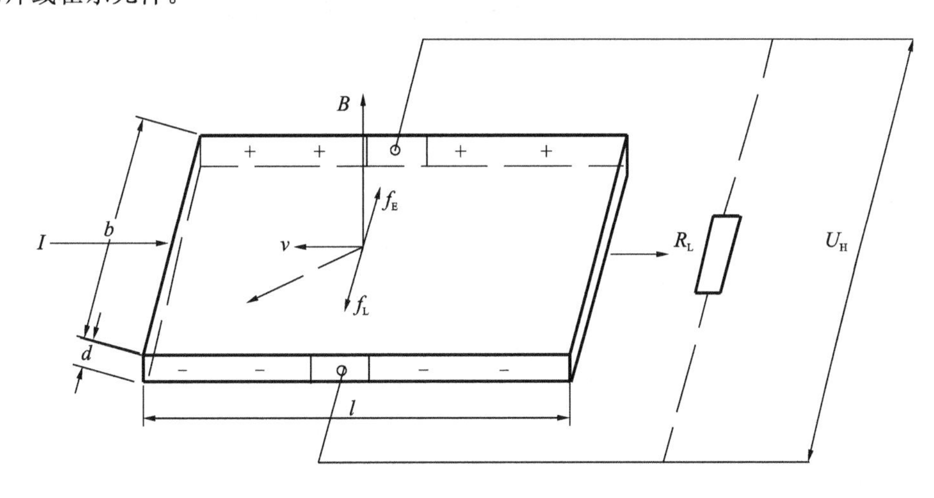

图 2-22-1 霍尔效应原理图

当电流 I 通过霍尔片时，假设载流子为带负电的电子，则电子沿电流相反方向运动，令其平均速度为 v。在磁场中运动的电子受到的洛伦兹力 f_L 为：

$$f_L = evB$$

式中：e——电子所带电荷量；

v——电子运动速度；

B——磁感应强度。

洛伦兹力的方向根据右手定则由 v 和 B 的方向确定。

运动电子在洛伦兹力 f_L 的作用下，以抛物线形式偏转至霍尔片的一侧，并使该侧形成电子的积累。同时，使相对一侧形成正电荷的积累，于是建立起一个霍尔电场 E_h。该电场对随后的电子施加一电场力 f_E，其大小为

$$f_E = eE_H = eU_H/b$$

式中：b——霍尔片的宽度；

U_H——霍尔电势。

f_E 的方向如图 2-22-1 所示，恰好与 f_L 的方向相反。

当运动电子在霍尔片中所受到的洛伦兹力 f_L 和电场力 f_E 相等时，则电子的积累便达到动态平衡，从而在霍尔片两侧形成稳定的电势，即霍尔电势 U_H，并利用仪表进行测量。

本实验采用磁性检测原理来探测钢管上的缺陷，如图 2-22-2 所示。探头由一个磁铁和可检测磁场强度的霍尔传感器组成。磁铁与被检测的铁磁材料工件间形成磁路，若工件上有缺陷，则磁路的磁阻增大，霍尔传感器附近的磁场强度变弱。探头在试件表面移动时，会检测到磁场的变化，正常情况下磁场的变化是均匀的，当试件表面有缺陷时，会产生一个磁场的跳变，通过监测磁场的跳变即可进行试件的探伤。

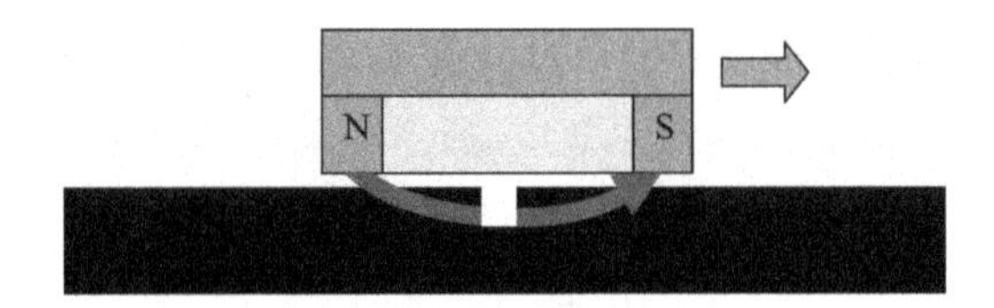

图 2-22-2 磁性无损探伤原理

四、实验内容

利用 LabVIEW、霍尔传感器和采集卡设计无损检测系统，并对实际钢管检测其裂缝和小孔等缺陷的位置，比较其输出信号的区别。实验方法如下：

首先，设定采集参数；然后，移动传感器，观察输入波形的变化情况，比较不同损伤所表示的波形的不同，同时观察信号的功率谱密度函数。

五、实验报告要求

（1）基于 LabVIEW 编写无损检测实验程序，并结合硬件进行调试；

（2）绘制控制系统方框图；

（3）分析实验误差产生原因。

实验二十三 粮库粮情测控系统设计

一、实验目的

通过设计粮库粮情测控系统，使学生掌握温度、湿度和气压等的数字检测方法，学会通过系统辅助变量来评判或者估计系统主要变量，并对系统主要变量进行预警，监测系统的工作状况。从系统总体角度出发，运用所学知识设计综合测控系统，提高知识运用能力、动手能力和自学能力。

二、实验设备

（1）单片机若干；

（2）DS18B20 温度传感器 5 个；

（3）HM1500 湿度传感器 5 个；

（4）RS485 通信模块 1 块；

（5）铜板和蜂窝板若干；

（6）继电器若干；

(7) 导线若干；
(8) PC 一台。

三、实验原理

在储藏过程中，粮食受温度、湿度及其他因素的影响，可能出现发热、霉变、虫害等情况。为了减少粮食储藏过程中的损失，保障粮食的品质和质量，应该及时准确地掌控粮食储藏过程中的各种物理因素的变化情况，找出其变化规律。粮情测控系统利用现代电子技术来实现粮食储藏过程中对粮情变化的实时检测，对实时检测数据进行分析与预测，对异常粮情提出处理意见和控制措施等，为科学及安全储粮提供技术保证和科学依据。

谷物冷却、机械通风、环流熏蒸、粮情测控是四项储粮新技术，其中粮情测控是基础。粮情测控系统是其他三项储粮技术运行状态的观察者和运行结果的真实反映者。粮情测控系统的准确性、可靠性，直接关系到其他三个储粮系统运行和应用效果，是四项储粮技术应用的关键。由此可见，粮情测控系统在粮食储藏过程中的重要地位和所起的决定作用。

粮食检测、分析、控制三者之间的关系对于粮情检测分析控制系统而言，首先应满足安全储粮的具体技术要求。粮情检测是基础，粮情分析是依据，通风控制是手段。粮情检测是对粮食储藏过程中粮堆温、湿度，仓内温、湿度，大气温、湿度等基本检测参数变化的记录。粮情测控系统是通过电源电缆、通信电缆将计算机、检测主机、检测分机、分线器和传感器、风机连接起来构成的系统。粮情测控过程是把埋在粮堆内的温度传感器、湿度传感器所感应到的温、湿度变化情况，通过分线器、检测主机、检测分机反映到主控机房的计算机上，使粮库保管人员可以随时观察粮堆内的温、湿度变化情况，并采取相应的处理措施，以确保粮食储藏过程的安全。

仓库粮食储藏中的一个重要问题就是防潮，因此湿度的测量是粮库养护中的一项重要工作。测量空气湿度的方法很多，其原理是根据某种物质从其周围的空气中吸收水分后引起的物理或化学变化，间接获得该物质的吸水量及周围空气的湿度。电容式、电阻式和湿涨式湿敏元件分别是根据其高分子材料吸湿后介电常数、电阻率和体积发生的变化而进行湿度测量的。湿度传感器大都是利用湿度变化引起其电阻或电容量变化的原理制成，即将湿度变化转为电量变化。湿度传感器按水分子的吸附力可分为水分子亲和力型湿度传感器和非水分子亲和力型湿度传感器两大类。水分子亲和力型湿度传感器是利用水分子吸附在固体表面并渗透到固体内部得到湿度值，它具有测量范围宽、精度较高、价格低等特点被大量采用，仓库中常用的干湿球湿度计即属于此类型。非水分子亲和力型湿度传感器由于受环境因素影响较大、稳定性能差等很少被仓库使用。

在常规的环境参数中，湿度是很难准确测量的一个参数。用干湿球湿度计或毛发湿度计来测量湿度的方法，早已无法满足现代科技发展的需要。这是因为测量湿度要比测量温度复杂得多，温度是一个独立的被测量，而湿度却受其他因素(大气压强、温度等)的影响。近年来，国内外在湿度传感器研发领域取得了长足进步。湿敏传感器正从简单的湿敏元件向集成化、智能化检测的方向迅速发展，将湿度测量技术提高到新水平。本系统选用的 HM1500 湿度变送器就是其典型代表。

通常粮情测控系统主要选用热敏电阻、数字式温度传感器作为温度传感器，也有选用其他温度传感器例如PN结型温度传感器的粮情测控系统。

热敏电阻是以温度变化导致阻值的变化为工作原理的电阻，因其具有成本低、体积小、简单、可靠、响应速度快、容易使用等特点，在多项温度测量应用中受到广泛欢迎，同样也是国内粮情测控系统采用最多的温度传感器。热敏电阻的电阻温度系数较高，室温电阻通常也较高，因此其自身发热较小，信号调节较为简单。热敏电阻的缺点是互换性差，温度与输出阻值之间呈非线性关系。热敏电阻分为正温度系数热敏电阻和负温度系数热敏电阻两种，但在温度测量应用中，正温度系数热敏电阻较少得到采用，更多采用的是负温度系数热敏电阻。以下提及的热敏电阻均指负温度系数热敏电阻。

采用热敏电阻作为温度传感器的粮情测控系统的硬件由上位机、通信转换电路、智能分机、温度分线器、测温电缆、湿度分线器、测湿探头和通风控制器组成。

在上位机上运行粮情测控系统软件，对检测到的温、湿度数据进行分析，根据粮仓内外温、湿度条件判断是否可以进行通风，手动或自动控制通风机械的启动和停止。通信转换电路分为内置式和外挂式两种，主要完成两种通信协议之间的衔接转换功能。智能分机由微处理器、A/D转换电路和通信电路等组成，主要功能包括接收上位机下达的指令，将现场采集上来的模拟信号数字化，向上位机传送数字化的温、湿度值，向通风控制器下达启动或停止指令等。温、湿度分线器主要具备完成接收智能分机下达的指令，将模拟开关切换到指定的温、湿度测量点等功能。通风控制器主要功能是根据智能分机下达的指令，控制通风机械的启动和停止。智能分机与温、湿度分线器和通风控制器之间均采用单根多芯电缆连接，具有结构简洁、维护方便、成本低等诸多优点。

采用热敏电阻作为温度传感器的测温电缆是粮情测控系统的重要组成部分，它是将多个热敏电阻置入一根测温电缆之中而形成的，电缆内加有细钢丝绳提高抗拉强度，外加绝缘护套以密封防腐。采用热敏电阻作为温度传感器的粮情测控系统的温度检测范围一般在－40～＋50 ℃之间，检测精度为±1 ℃，完全满足粮情温度检测的需要。根据其系统结构的特点，一般在单根测温电缆上置入3～4个热敏电阻，特别适合房式仓储粮环境。

数字式温度传感器的种类也不少，但用于粮情测控系统的温度传感器主要是Dallas的DS18×20系列温度传感器，其温度检测范围为－55～＋125 ℃，检测精度为±0.5 ℃。DS18×20采用9个位表示测温点的温度值，每个DS18×20内部都设置有一个单一的序列号，因此可以使多个DS18×20共存于同一根数据传输线上。DS18×20内部分为4个部分：①64位序列号；②保存临时数据的8字节片内RAM；③保存永久数据的2字节EEPROM；④温度传感器。

采用数字式温度传感器粮情测控系统的结构与采用热敏电阻粮情测控系统的结构大致相同，只是前者用测控单元替代了智能分机，用扩充接线器替代了温度分线器。测控单元与智能分机的区别在于测控单元没有用于将温度信号数字化的A/D转换电路。如果系统选用了数字式湿度传感器则测控单元将完全由数字电路组成(智能分机是由数字电路和模拟电路两部分构成的)，这将使测控单元的电路设计更为容易。

采用DS18×20温度传感器的粮情测控系统的测温电缆与热敏电阻测温电缆大不相同，该测温电缆最多只需3根导线即可连接多个DS18×20温度传感器。最为简洁的结构是利用DS18×20可以通过数据线供电的特点，在测温电缆中放置两根平行的细钢丝绳连接多个DS18×20温度传感器，这样不仅可使测温电缆的制造简便、成本下降，而且可提高测温电缆的抗拉强度，便于温度传感器的更换。正是这些特点使得采用DS18×20温度传感器的粮情测控系统更适用于高大粮仓(诸如浅圆仓、立筒仓)的应用环境，可以解决高大粮仓在不重新安装测温电缆的情况下更换测温电缆内部的温度传感器以及改变温度传感器相对位置的问题。由于这种温度传感器的价格比热敏电阻高出许多，所以 DS18×20 温度传感器粮情测控系统在房式仓中应用时不如热敏电阻粮情测控系统性价比高。

四、实验内容

设计一套粮库粮情测控系统，能够测量粮库中温度和湿度等用以评判粮库粮情的辅助变量，并且能够对它们的变化进行定时检测和巡回检测。该系统还应能通过综合分析检测所得数据，评判或者估计粮库粮情状态，给出粮库粮食是否正常的信息，并对粮食发霉变质做出预警。同时，该系统还应具备控制风机和除湿机工作，并报告这些机器的工作状况，形成设备运行状况报表的功能。实际应用中，粮库粮食发霉变质的温度临界区和湿度临界区需要根据粮库储粮粮情变化的历史数据确定，但是在本实验中这些数据难以直接获取，因此可以人工设定粮库粮食发霉变质的温度临界区和湿度临界区。

本实验中，系统选用 MEGA16 单片机作为控制核心器件，粮库温度可通过 DS18B20 温度传感器来测量，粮库湿度可以通过 HM1500 湿度传感器来测量。实验设计要求采用单总线接口的数字温度传感器 DS18B20 来测量粮库温度；采用线性电压输出式集成温度传感器 HM1500 来测量粮库湿度；通过单片机对数据进行一定预处理，并通过 RS485 传给 PC 进行深度分析和对粮库粮情做出评价。

五、实验报告要求

(1) 实验设计原理图一张(电子版)；
(2) 实物装置一套(要求现场调试和演示)；
(3) 设计说明书一份(电子版)；
(4) 数据分析程序一套(电子版)；
(5) 粮库粮情评判方法一份(电子版，要求说明具体评判原则和评判方法原理)。

六、思考题

如何通过粮库温度场和湿度场分布和变化评判粮库粮情？请自行设计分析方法和动手实验。

实验二十四　基于数据融合方法设计测控系统

一、实验目的

(1) 掌握利用 A/D 转换和计算机资源实现示波器的设计方法；

（2）掌握建立 NI-DAQmx 仿真设备的基本方法；

（3）培养自学能力和知识综合运用能力。

二、实验设备

（1）LabVIEW 软件 1 套；

（2）MATLAB 软件 1 套；

（3）打印机 1 台。

三、实验原理

在示波器的荧光屏上，显示电压波形的原理如下：被测电压是时间的函数，在直角坐标系统中，可以用 $u_x=f(t)$ 的曲线表示。示波器的两副偏转板使电子束在两个互相垂直的方向上偏转，这两个方向可以看成是坐标轴方向。因此，要在管子的荧光屏上显示被测电压的波形，就必须使示波器发出的射线沿水平方向的偏转同时间成正比，而在竖直方向同被测电压成正比（每一瞬间）。所以，将锯齿波电压加到水平偏转板上，它迫使射线以恒定的速度从左向右沿水平方向偏转，并且很快返回到起始位置。射线沿水平轴经过的距离与时间成正比。被测电压加到竖直偏转板上，因而，每一瞬间射线的位置单值对应于这一瞬间被测信号的值。在锯齿波电压作用期间，射线就绘出了被测信号的曲线。示波器波形显示原理如图 2-24-1 所示。

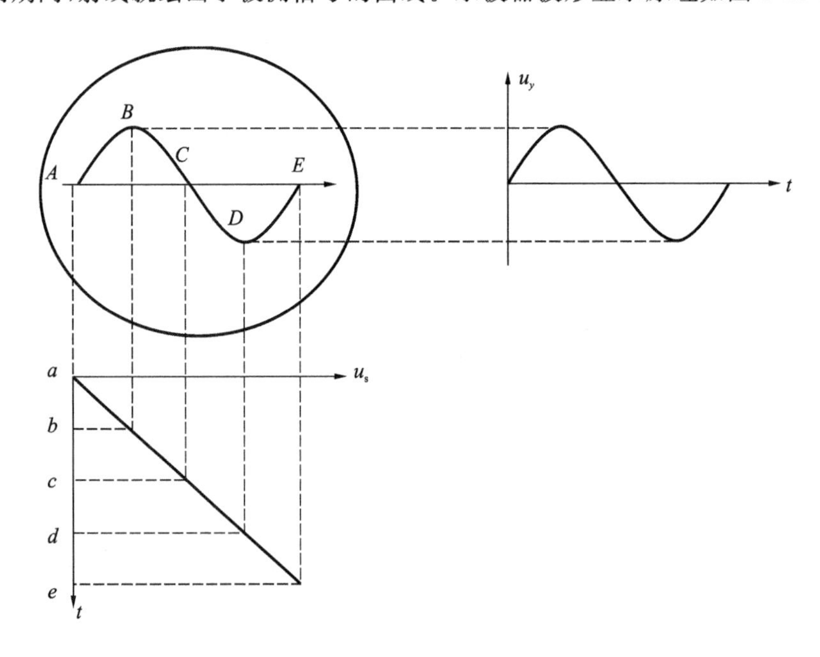

图 2-24-1 示波器波形显示原理

图 2-24-1 所示图形是锯齿波的重复周期等于输入信号周期整数倍（一倍）的情况，荧光屏上显示出的信号图形是稳定不动的。如果不是整数倍，则每次出现的信号波形就不会重合，图形将不断移动，不利于观测。为了保证锯齿波的周期等于输入信号的整数倍，示波器必须具有

同步或触发电路。

LabVIEW 提供了很多外观与传统仪器(如示波器、万用表)类似的控件,可用来创建用户界面。用户界面在 LabVIEW 中被称为前面板。使用图标和连线,可以通过编程对前面板上的对象进行控制。这就是图形化源代码,又称 G 代码。LabVIEW 的图形化源代码在某种程度上类似于流程图,因此又被称为程序框图。

双踪示波器具有 Channel1 和 Channel2 双通道示波功能。基于 LabVIEW 设计虚拟示波器时,可以设置两个开关控制 Channel1 和 Channel2 选通状况,开即显示波形,关不显示,同时选择了开就在波形图上同时显示两个波形。由于没有外界信号输入设备,所以不能用外部数据采集的方法输入信号波形,需要自己设计一个简易信号发生器,使两个通道都能实现基本模拟信号正弦波、三角波、方波、锯齿波的输入。波形显示方面可以采用波形图控件。波形控制部分包括 Channel1 信号幅度调节和幅度偏移开关、Channel2 信号幅度调节和幅度偏移开关、时间扫描速率开关,同时开的时候两个信号叠加开关。停止示波器的开启和关闭,可以通过 while 循环的停止按钮设置示波器停止工作。

四、实验内容

根据示波器原理,建立 NI-DAQmx 仿真设备,选择 E 系列中的 NI PCI-6071E 数据采集卡的仿真模块,通过 DAQmx 物理通道识别,产生模拟信号,然后基于 LabVIEW 开发平台设计实现虚拟双踪示波器。

五、实验步骤

(1) 通道 Channel1 和 Channel2 选择即波形产生。在程序框图上创建两个条件结构,把 Channel1 和 Channel2 的开关控制(布尔开关)分别接到这两个条件结构的条件输入端,然后在每个“真”条件下,通过再添加条件结构,在这个子条件结构里面,利用基本函数发生器创建波形产生模块,即正弦波、三角波、方波、锯齿波,并在分置里面选择产生相应的波形,这样就产生了大条件结构的“真”操作,也即在 Channel1 或 Channel2 通道开的情况下,通过按钮选择波形产生。

(2) 波形显示控制部分。这部分通过控制一些参数使波形在波形图上更好地显示出来。控制 Channel1、Channel2 通道幅值,调节波形图(每单位表示多少电压值);控制时间扫描速率,调节时间轴(每单位表示多少时间)。这些都是为了让波形以最直观、最清楚的方式显示在波形图上。通过公式子 VI 的功能改变输出电平和幅度偏移;通过获取波形成分和创建波形改变输出的频率;通过创建一个子条件结构实现波形叠加。示例面板如图 2-24-2 所示,示例程序框图如图 2-24-3 所示。

(3) 数据采集模块。数据采集模块是动态测试中的重要部分,可以进行采集方式相关参数的设置,它直接影响到后面数据分析的结果及其他功能的实现。该模块工作状态的好坏直接影响到整个系统工作的正常与否,主要完成数据采集的控制、通道控制和时基控制等。

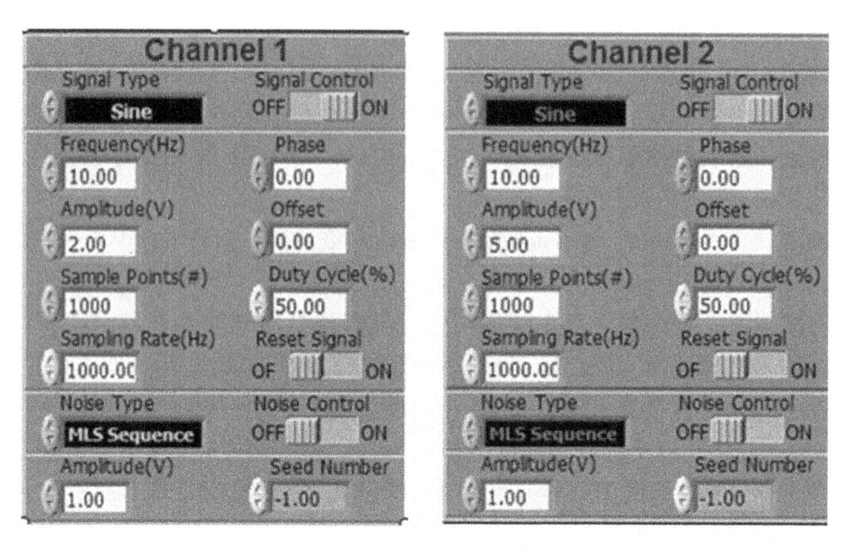

图 2-24-2　波形显示面板示例

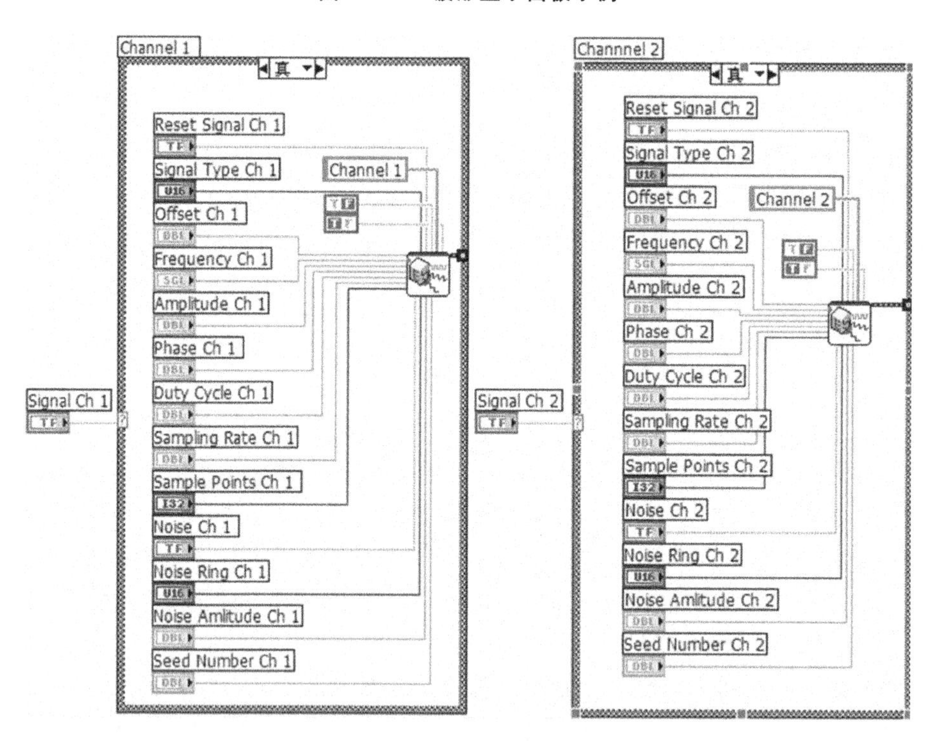

图 2-24-3　波形显示程序框图示例

六、实验报告要求

(1) 编写虚拟示波器的设计说明书，并绘制相应框图和流程图；

(2) 运用 LabVIEW 编写相应程序，并调试之；

(3) 总结建立 NI-DAQmx 仿真设备的基本方法，并写一份实验心得体会。

实验二十五　基于数据融合方法设计测控系统

一、实验目的

（1）掌握过程测控参数检测的基本方法；
（2）掌握过程测控参数综合运用的基本方法；
（3）培养自学能力和知识综合运用能力。

二、实验设备

（1）数据采集模块若干；
（2）温度传感器若干；
（3）压力传感器若干；
（4）液位传感器1个；
（5）LabVIEW 软件1套；
（6）MATLAB 软件1套；
（7）导线若干。

三、实验原理

煮糖过程主要是通过直接控制温度、真空度、蒸汽压力等外部变量来间接控制糖液过饱和度或者锤度，从而实现煮糖过程的控制和生产的优化。

温度是煮糖过程重要参数，在适当范围内升高温度，可以加快蔗糖分子的扩散速度，提高晶体的长大速率，有助于提高煮糖过程生产效率。但是，在糖液含糖量一定的情况下，过高的温度会使蔗糖溶解度增加，导致蔗糖分子扩散推动力下降，降低晶体长大速率，不利于提高煮糖生产效率。煮糖过程糖液黏度是温度的函数，温度升高黏度变小，温度降低黏度则变大。煮糖过程糖液黏度的上升，往往使糖液的流动性变差，容易导致结晶过程出现并晶。

真空度越大糖液的沸点就越低，可以减少煮糖的时间。煮糖罐内温度在一定程度上会随着真空度的变化而变化，真空度越高糖液温度就越低，反之，真空度越低糖液温度就越高。对煮糖过程的传热而言，真空度越高越有利于传热。但是，对煮糖过程的传质而言，真空度越高糖液温度就越低，导致糖液黏度变大，从而会增加糖液扩散的阻力，影响蔗糖晶体的结晶速度。

蒸汽压力直接影响糖液的对流，蔗糖结晶体在母液中移动了位置，带走了结晶热，有利于晶体的长大。同时，在对流的作用下，结晶体还有可能进入蔗糖分子高浓度区，使得高低浓度区的浓度差变大，为蔗糖分子的扩散和沉积创造有利条件。然而，蒸汽压力过高，对流加剧，将使糖液加速蒸发，浓度急剧增加，导致伪晶的出现。

煮糖罐液位高静压力大，糖液向上流动的阻力将变大，导致对流变差，不利于蔗糖结晶晶体的长大，严重影响结晶过程。因此往往需要提高蒸汽压力，通过增加温度差来促进对流。

综上所述，从影响煮糖结晶过程因素的因果关系看，煮糖过程糖液过饱和度直接影响结晶过程，但是糖液过饱和度的控制是通过调节温度、真空度、蒸汽压力等外部变量来实现的。因此，可以通过控制煮糖过程的温度、真空度、蒸汽压力、煮糖罐的液位等参数，实现煮糖过程自动控制。

四、实验内容

根据煮糖过程原理，通过数据采集模块，采集煮糖过程温度、蒸汽压力、锤度、真空度和液位高度等数据，综合运用 MATLAB 和 LabVIEW 对采集到的数据进行融合，根据数据融合结果生成煮糖过程锤度控制模型。最后，根据煮糖过程锤度控制模型，运用 LabVIEW 编写控制程序，完成以煮糖过程温度、蒸汽压力和入料控制阀阀门开合度为控制输入的煮糖基本控制系统。

五、实验报告要求

(1) 设计控制方案，并绘制控制框图和流程图；
(2) 说明数据融合方法及原理，并编写出相应的处理程序；
(3) 运用 LabVIEW 编写控制程序，并调试之；
(4) 总结设计方法和调试方法；
(5) 写一份实验心得体会。

实验二十六　基于 CCD 成像技术设计微粒检测方法

一、实验目的

(1) 掌握 CCD 成像原理和基本应用；
(2) 掌握 CCD 成像检测基本设计方法；
(3) 掌握传感技术综合应用基本方法。

二、实验设备

(1) CCD 成像设备 1 套；
(2) PC 1 台；
(3) MATLAB 软件 1 套；
(4) LabVIEW 软件 1 套；

(5) MATLAB 软件 1 套；
(6) 打印机 1 台。

三、实验原理

软测量技术理论源于是 20 世纪 70 年代 Brosilow 提出的推断控制理论。它的基本思想是将难以直接测量的参数作为主导变量，选择与其密切相关且容易测量的参数作为辅助变量，通过构建辅助变量和主导变量的数学关系，用辅助变量估测主导变量。软测量技术将计算机技术和工业生产过程知识等有机结合起来，以软件代替硬件，用辅助变量估计主导变量，实现难测变量的测量，具有易推广和成本低的特点，成为现代工业生产过程参数测量的研究热点。

煮糖结晶过程中糖晶粒度大小及分布和杂质分布对成糖过程具有重要影响，也是实现煮糖过程自动化的重要影响因素。然而，目前对于糖晶粒度大小以及分布情况的检测大多仍然采用传统人工抽样和肉眼观测方法，这对煮糖过程自动化的实现极为不利。软测量技术和模式识别技术已经得到广泛关注和深入研究，并在很多领域成功应用，为工业生产过程的测控等提供了有力支持。软测量技术为甘蔗煮糖过程难以直接稳定测量的关键参数的测量提供了新的解决途径。模式识别技术为糖晶粒度大小以及分布情况的检测，提供了有力途径。因此运用软测量技术和模式识别方法，研究甘蔗煮糖过程关键参数的检测方法，对煮糖过程自动化的实现具有重要意义。

通过 CCD 成像，以人工智能和模式识别技术的自动检测方法，替代传统传统人工抽样和肉眼观测方法研究甘蔗煮糖过程中糖晶粒度大小及分布、杂质分布情况、晶粒缺陷情况，可解决人工抽样和肉眼观测给煮糖自动化带来不利影响的问题。

四、实验内容

以模式识别方法为基础，利用 CCD 成像技术，综合考虑人工智能方法和图像处理方法，分别以图像灰度值和 RGB 彩色值作为模式识别的特征值，研究煮糖结晶过程晶体粒度大小以及分布的检测方法。利用图像投影等方法获取辨识数据，经过模式识别确定晶粒度大小，并通过计算机技术分析出采样图像上各种粒度范围内晶粒个数以及在采样图像上各种粒度的分布情况。利用图像上像素的 RGB 彩色值作为模式识别的特征值，通过模式识别方法研究糖液杂质分布情况以及检测晶粒是否存在缺陷等。

五、实验报告要求

(1) 设计识别具体方案，并绘制相应框图和流程图；
(2) 说明本实验模式识别方法及原理，并用 MATLAB 编写出相应程序；
(3) 用 LabVIEW 编写 CCD 成像控制程序以及图像数据读取程序；
(4) 总结设计方法和调试方法；
(5) 写一份实验心得体会。

实验二十七　基于 Modbus 协议远程控制设备

一、实验目的

（1）掌握 Modbus 协议的基本应用；
（2）掌握远程数据检测的基本方法；
（3）掌握设备远程控制的基本方法。

二、实验设备

（1）计算机 1 台；
（2）MATLAB 软件 1 套；
（3）LabVIEW 软件 1 套；
（4）数据采集模块若干；
（5）变频器 1 台；
（6）控制阀若干；
（7）交流电机 1 台；
（8）继电器若干。

三、实验原理

实验原理参见本章实验十一。

四、实验内容

（1）根据 Modbus 协议内容，利用 LabVIEW 实现 Modbus ASCII 模式和 Modbus RTU 模式，并在 PC 上进行调试；
（2）基于 RS485 和 Modbus 协议控制变频器，实现对交流电机的转速控制；
（3）基于 RS485 和 Modbus 协议获取控制阀开合度；
（4）基于 RS485 和 Modbus 协议控制控制阀开合度；
（5）基于 RS485 和 Modbus 协议控制控制继电器开与合；
（6）用 LabVIEW 编写一个程序，显示当前各个控制阀的工作状态、开合度、继电器状态等信息。

五、实验报告要求

(1) 编写基于 LabVIEW 实现 Modbus 的框图,并说明各个部分功能及实现方法;

(2) 写明电机和阀门控制思路,绘制相应的流程图,并用 LabVIEW 编写相应的控制程序和信息显示程序;

(3) 实验总结,包括联机调试方法及心得体会等。

实验二十八 基于信号编解码方法设计测控系统

一、实验目的

(1) 学会脉冲计数基本原理;

(2) 学会根据脉冲信号对信息进行编码;

(3) 学会脉冲信号编码与解码的基本设计方法;

(4) 了解脉冲计数在过程控制中的应用。

二、实验设备

(1) AD 卡 1 张;

(2) LabVIEW 软件一套;

(3) MATLAB 软件一套;

(4) PC 1 台;

(5) 信号发生器 1 台;

(6) 光电传感器若干;

(7) 阀门若干;

(8) 蒸汽发生器 1 台;

(9) 变频器 1 台;

(10) 电机若干。

三、实验原理

脉冲信号基本编码过程是根据脉冲个数或者脉冲序列对数据信息进行编码的,亦即根据脉冲个数或者脉冲序列与时间的关系,用某几个脉冲序列来表示某个信息量,例如 0、1 以及其他信息量。脉冲信号基本解码过程刚好与编码过程相反,它通过记录脉冲个数或者脉冲序列,并将这些脉冲信号翻译为对应的数据信息量，例如：用10个脉冲来表示响应某个开关的打开或关闭；类似于ISO7816协议，用372个脉冲表示一个数据位；用脉冲序列来表示速度换挡。

四、实验内容

（1）用脉冲发生器作为脉冲源，用脉冲序列对阀门开合度进行编码，将脉冲信号传入AD卡，在LabVIEW中对脉冲信号进行分析，通过脉冲信号解码对阀门开合度进行控制；

（2）用脉冲发生器作为脉冲源，将脉冲信号编码为16位数字信号，利用16位数字信号控制蒸汽发生器输出压力，通过LabVIEW实现蒸汽发生器输出压力无级控制；

（3）用光电传感器对电机速度进行测量，并对光电传感器输出的脉冲信号进行编码，将编码信息通过AD卡传入LabVIEW，在LabVIEW中实现脉冲信号解码，最后对电机实施反向控制；

（4）用AD卡对变频器控制信号进行采样，对采样结果进行编码，并根据编码结果控制脉冲发生器，将脉冲发生器输出信号通过AD卡传入LabVIEW，在LabVIEW中通过图形显示变频器控制信号状态以及编码状态；

（5）根据变频器脉冲编码、蒸汽发生器脉冲编码和电机转速脉冲编码，综合控制阀门开合度。

五、实验报告要求

（1）写出整个实验的设计方案及实现思路；

（2）绘制整个实验的设计框图；

（3）若测控实验过程中出现异常情况，请分析出现异常的原因及解决方法或者思路；

（4）记录脉冲编解码过程相关数据信息；

（5）写一份本实验的心得体会。

实验二十九 基于组态软件的校园建筑能耗监测系统设计

一、实验目的

（1）学习并掌握温湿度传感器、远传水表、多功能电表等数据监测设备的使用方法；

（2）熟悉能耗数据采集器、EDA系列模拟量采集模块的参数配置；

（3）学会使用力控组态软件进行类似系统的开发设计；

（4）提高在监测系统设计中的全面分析能力，在动手实践中解决问题。

二、实验设备

(1) 硬件:计算机1台、温湿度传感器、流量传感器和A/D转换模块若干个、能耗数据采集器1台、远传水表与多功能电表若干个、电气柜1个、线槽及其卡槽若干米、24V DC电源1个、12V DC电源1个、RS485/RS232转换器1个、空气开关1个、导线若干。

(2) 软件包:力控ForceControl6.0软件一套、EDA系列模块协议设置软件一套、能耗数据采集器管理软件一套。

三、实验原理

1.远传水表

系统所用远传水表支持GB/T 778—1996、CJ/T 224—2012标准;通信协议执行CJ/T 188—2004标准;通信接口型式为RS485,可设置表记通信物理地址,实现远程通信,通信波特率为1200～9600 B/s;水表计数器为可拆卸式;可多方位安装;水温在额定工作条件规定范围以内时,以最小流量(*Q*1)与分界流量(*Q*2)之间的低区(不包括*Q*2)的水表最大允许误差为±5%;以分界流量(*Q*2)与过载流量(*Q*4)之间的低区(包括*Q*2)的水表最大允许误差为±2%;最大压力损失≤0.03 MPa;最大允许工作压力为1 MPa;工作温度等级为T30,最高极限工作温度为60 ℃。

多功能电表为三相四线电子式的有功电能表,可选RS485通信和远红外通信,该表具有计度器显示,计量正、反向有功电量和反向电量计入正向,正、反最大需量计算功能,自动月结算功能,断相、失压、清零等事件记录等功能,可保存上12个月有功历史电量数据。通信协议:DL/T 645—1997、DL/T 645—2007;电压0.2级、电流0.2级、有功功率0.5级、无功功率0.5级、功率因数0.5级、有功电度0.5级、无功电度0.5级。

2.模拟量采集模块

模拟量采集模块对室外温度传感器与水温度传感器的模拟量输出进行采集,数据经过处理与转换后传输到数据采集设备。模拟量采集模块引脚定义如表2-29-1所示。

输入:8路0～20 mA电流及4路0～10 V电压。

输入信号:直流或交流信号(频率为25～75 Hz)。

信号处理:16位A/D采样。

采样速率: 5400次采样/s。

数据更新周期:可设定,范围为67 ms～1.7 s,出厂默认设定的更新时间为1.44 s。

过载能力:过载1.2倍量程可正常测量;过载3倍量程输入1 s不损坏。

隔离:信号输入与通信接口输出之间隔离,隔离电压为1000 V DC。A/T、B/R、VCC与GND端共地;12路信号输入共地端为AGND端。

接口:RS485接口,二线制,±15 kV ESD保护。

协议:MODBUS-RTU、ASCII码、十六进制LC-02协议3种,协议可自动识别。

速率:1200 b/s、2400 b/s、4800 b/s、9600 b/s、19200 b/s ,可软件设定。

模块地址：01H～FFH，可软件设定。

测量精度：电流、电压为 0.2 级或更高。

模块电源：8～30 V DC。

功耗：典型电流消耗为 15 mA。

工作环境：工作温度区间为－20～70 ℃；存储温度区间为－40～85 ℃；相对湿度为 5%～95%，不结露。

安装方式：DIN 导轨卡装。

体积：122 mm×70 mm×43 mm。

表 2-29-1 EDA9017 **模拟量采集模块引脚定义**

引脚号	名称	描述	引脚号	名称	描述
1	GND	地	11	GND	地
2	UIN8	0～10 V 电压输入	12	IIN0	0～20 mA 电流输入
3	UIN9	0～10 V 电压输入	13	IIN1	0～20 mA 电流输入
4	UIN10	0～10 V 电压输入	14	IIN2	0～20 mA 电流输入
5	UIN11	0～10 V 电压输入	15	IIN3	0～20 mA 电流输入
6		保留	16	IIN4	0～20 mA 电流输入
7	A/T	RS485 接口信号正极，或 RS232 数据输出	17	IIN5	0～20 mA 电流输入
8	B/R	RS485 接口信号负极，或 RS232 数据输入	18	IIN6	0～20 mA 电流输入
9	VCC	电源正，8～24 V	19	IIN7	0～20 mA 电流输入
10	GND	电源负，地	20	GND	地

3. 能耗数据采集器

本实验采用中控 EDC-200 型能耗数据采集器，数据存储器容量（可选配 CF 卡）为 256MB/512MB/1GB（可选）；RS485/RS232（可选配置）通信口有 COM1、COM2、COM3、COM4 共 4 个，通信速率为 1200～115200 b/s；集成 GPRS；支持 Modbus 通信规约、DL/T6451997多功能电表通信规约、CJ/T 188—2004 户用计量仪表数据传输技术条件；4 路模拟量输入，输入类型为0～10 mA、4～20 mA、0～5 V、0～10 V，精度为全量程的±0.1%，通道 1 接入电流信号时，“A0＋”接电流信号的正端，“B0－”接电流信号的负端。使用配套的能耗数据采集器管理软件对流量的监测参数进行配置。

4. 力控组态软件

力控 Forcecontrol 6.1 监控组态软件是对现场生产数据进行采集与过程控制的专用软件，其最大的特点是能以灵活多样的“组态方式”而不是编程方式来进行系统集成，它提供了良好的用户开发界面和简捷的工程实现方法，只要将其预设置的各种软件模块进行简单的“组态”，便可以非常容易地实现和完成监控层的各项功能，缩短自动化工程师系统集成的时间，大大提高集成效率。

力控监控组态软件基本的程序及组件包括：工程管理器、人机界面 VIEW、实时数据库 RTDB、I/O 驱动程序、控制策略生成器以及各种数据服务及扩展组件，其中实时数据库是系统的核心。图 2-29-1 为组态软件结构图。

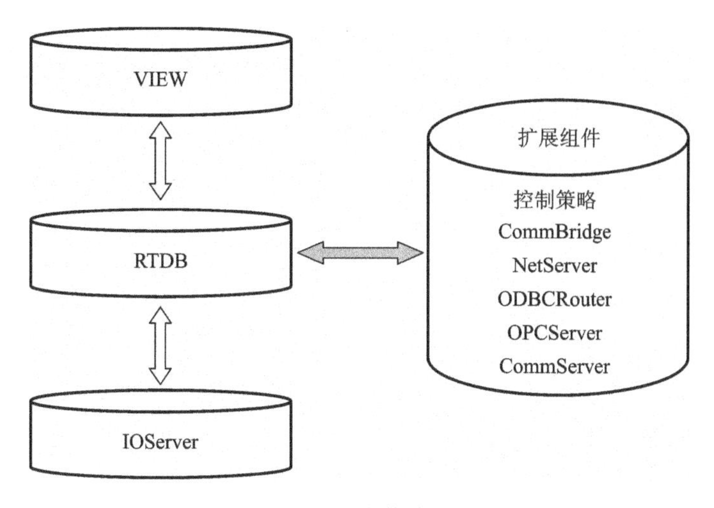

图 2-29-1 组态软件结构图

四、实验内容

(1) 根据调研所获取的数据，合理选择实验设备及其数量，完成所有实验设备的安装与连接，接上通信线；

(2) 完成模拟量采集模块和能耗数据采集器的配置，对实验装置进行调试；

(3) 利用力控组态软件，开发完成整套监测系统；

(4) 记录各个监测量的数据变化，打印趋势曲线，分析校园建筑能耗的特点。

五、实验报告要求

(1) 要求写一份实验的心得体会，谈谈自己在整套监测系统中遇到的问题及解决的方法等；

(2) 提交模拟量采集模块、能耗数据采集器的参数配置截图，完成监测数据的截图；

(3) 打包所开发的监测系统并提交；

(4) 阐述利用组态软件进行校园建筑能耗监测的优缺点。

六、思考题

(1) 如何根据所监测到的数据，评定建筑能耗的合理性？

(2) 实验为什么需要进行 RS485 与 RS232 总线通信转换？

(3) 数据采集器如何与组态软件进行通信？请简述其通信原理。

实验三十 基于组态软件的热交换器性能测试综合实验平台设计

一、实验目的

(1) 了解基于组态软件的热交换器性能测试过程;
(2) 掌握温度传感器、远传水表等设备原理及其使用方法;
(3) 学会传感器数据处理和分析方法;
(4) 掌握自动控制系统综合设计及实现的方法。

二、实验设备

(1) 本设计实验所提供的设备有温度传感器若干、流量计 1 个、模拟量测量模块 1 个、调速阀若干、水泵 1 个、冷凝器 1 个、热水箱 1 个、冷水箱 1 个、管道若干米、数据采集器 1 个、导线若干米、计算机 1 台、PLC 控制器 1 个。

(2) 本次实验提供的软件包有:数据测控终端管理软件 1 套、力控组态软件 3.1 1 套,模拟量测量模块参数配置软件 1 套、PLC 驱动软件 1 套。

三、实验内容

基于组态软件的热交换器性能测试综合实验平台是一个基于智能控制的温度、流量测试与控制的系统。此系统以水循环为基础,包括加热部分、散热部分和流量调节部分。加热部分利用自主设计的螺旋铜管从高温水中获得所需要的热量;散热部分通过风冷冷凝器对加热后的水进行冷却;流量调节部分借助调速器对水泵电机进行自动调速,从而获得不同的流量值。整个系统是一个耦合的系统,加热、散热及流量调节三者之间互相关联。测控系统的可变参数(温度、流量、电量)采用传感器进行测量,输出模拟信号的传感器经由数据采集器,基于 Modbus 工控通信协议将信号传输到上位机,并采用基于神经网络的智能处理控制模块,对温度、流量进行实时自动控制,达到交换器热交换效果良好且节能环保的目的。

热交换器性能测试综合实验平台的系统硬件结构由 5 个模块组成:①直流水泵及其调速器;②热水箱、螺旋铜管及加热棒;③交流风机及其调速器;④流量计、温度传感器及电量模块;⑤数据采集器、串口服务器及上位机。该系统结构见图 2-30-1。

四、实验原理

过程温度、流量控制是一个时变的控制过程,需要一定的数据处理方法、控制算法和满足

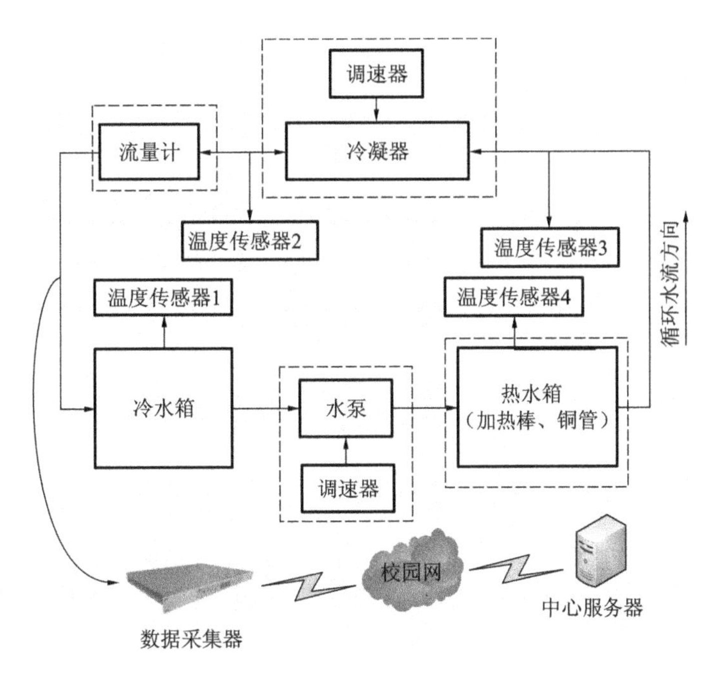

图 2-30-1　热交换器性能测试综合实验平台系统结构组成图

一定要求的测控思路共同完成。本实验最终被控对象或者控制变量是循环水的温度和流量，在外部热能不断向被控对象传递的同时，需要不断测量被控对象的温度和流量，并对外部相关参数进行控制，以实现对温度、流量在目标范围内的控制。本过程测试实验可参考的设计思路是利用加热泵和铜管对循环水进行加热，并不断检测加热循环水的温度，通过数据处理和控制策略编制程序，对调速阀进行控制，从而实现对水温度、流量的控制（允许有一定误差）。

本实验对温度、流量的测试和自动控制主要是通过力控组态软件实现的。温度传感器和流量计将测量的参数经 RS485 总线上传到数据采集器，采集器对采集的数据进行相应的处理、展示和管理，并将数据通过提供的校园网上传到数据中心服务器，服务器对上传的数据进行相应的分析、处理并存储。利用提供的力控组态软件对储存的数据进行分析和处理，并通过一定的控制策略将处理的数据作用于调速阀，直到实现对温度、流量的智能控制。

五、实验报告要求

(1) 实验设计原理图 1 张（电子版）；
(2) 实物装置 1 套（要求现场调试和演示）；
(3) 设计说明书 1 份（电子版）；
(4) 数据分析程序 1 套（电子版）；
(5) 热交换器性能测试评判方法 1 份（电子版，要求说明具体评判原则和评判方法原理）。

六、思考题

如何通过测量的温度、流量参数控制调速阀，并最终实现温度、流量的控制？

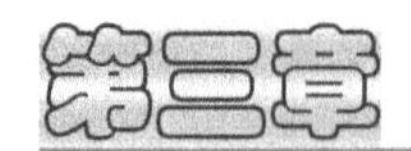

网络化远程测控实验

第一节　基于 LabVIEW 的网络远程测控实验

实验一　信号发生与分析实验

一、实验目的

(1) 学习 LabVIEW 的基础编程知识；

(2) 学会使用 LabVIEW 生成典型信号及其波形显示；

(3) 通过调整典型信号各个参数，观察典型信号波形变化，认识典型信号参数对其波形的影响。

二、实验设备

(1) 计算机 1 台；

(2) LabVIEW 软件 1 套；

(3) 打印机 1 台。

三、实验原理

从广义上讲，信号是随时间变化的某种物理量。严格来说，信号是消息的表现形式与传送载体。根据信号特点和信号之间的关系，可分为确定信号与随机信号、连续信号与离散信号、周期信号与非周期信号、能量信号与功率信号。以下是几种常见信号的基本概念。

连续信号：在观测过程的连续时间范围内信号有确定的值，允许在其时间定义域上存在有限个间断点。通常以 $f(t)$ 表示。

离散信号：信号仅在规定的离散时刻有定义。通常以 $f[k]$ 表示。

模拟信号：如果连续信号在任意时刻的取值是连续的，即为模拟信号。

数字信号：取值离散的信号。

四、实验要求

程序中所用控件来自于前面板，信号生成函数来自于程序框。实验过程中要注意把工具选板、控件选板、函数选板和即时帮助调出来，以便在编程过程中获取控件和函数的使用说明及帮助信息。实验中的采样信息是一个控件簇，它是将多个控件放置于一个来自于控件的选板中而形成的簇，目的是将多个控件合为一个整体。实验中所用的波形图实际上是一个二维数组，这个数组的维分别对应于波形图的 X 坐标数据和 Y 坐标数据，默认情况下 X 坐标自动生成，Y 坐标需要外部输入。本实验除了要求进行典型信号的各种分析实验以外，还要求学会进行程序的控制、簇的建立与操作、波形图的使用及利用两个一维数组构建波形图的输入数据。

五、实验内容与步骤

1. 典型信号的波形分析实验

本实验的实验内容为对典型信号进行波形生成实验，所包括的信号类型有正弦波、方波、锯齿波、三角波、白噪声、正弦波混合白噪声、方波混合白噪声、锯齿波混合白噪声和三角波混合白噪声，这些信号波形可通过函数选板→信号处理→波形生成调用。其他信号混合白噪声时，需要用到元素同址操作结构，该结构可通过函数选板→编程→结构→元素同址操作结构调用，然后在该结构内部实现白噪声与其他信号相加，如图 3-1-1 所示。

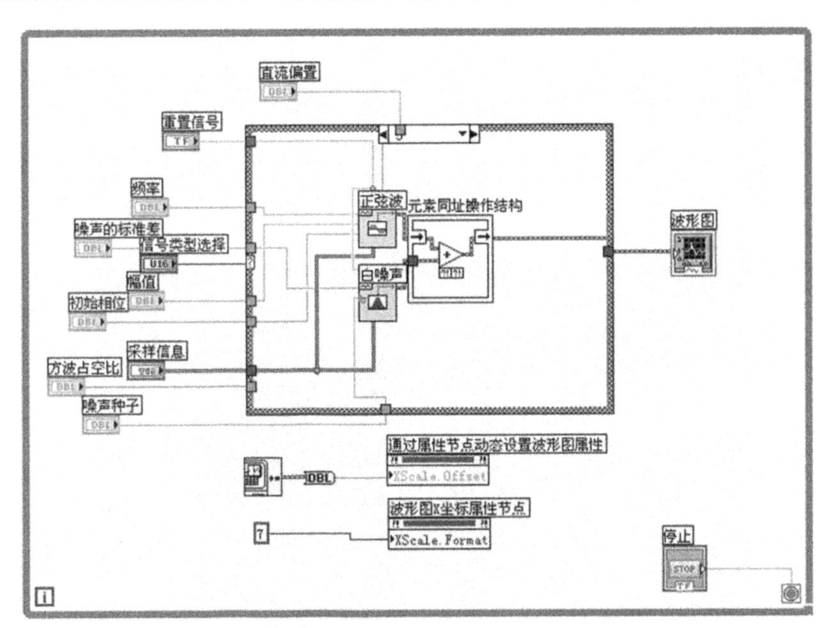

图 3-1-1　混合白噪声典型信号的程序面板

实验通过对信号类型、采样参数、频率、幅值、初始相位、直流偏置、占空比、噪声等参数的设置，观察输出波形的变化。本实验的前面板如图 3-1-2 所示，分为控制区和显示区两部分。控制区完成对信号相关属性的输入控制，通过改变控制区各输入控件的类型或数值，可以实现输出频率、幅值、初始相位、直流偏置各不相同的正弦波、方波、三角波、锯齿波四种常用函数波形。其中占空比只对方波有效。还可以通过设置程序的等待时间来改变波形的变化快慢。显示区显示当前设置所产生的波形信号以及信号在当前时间的相位。

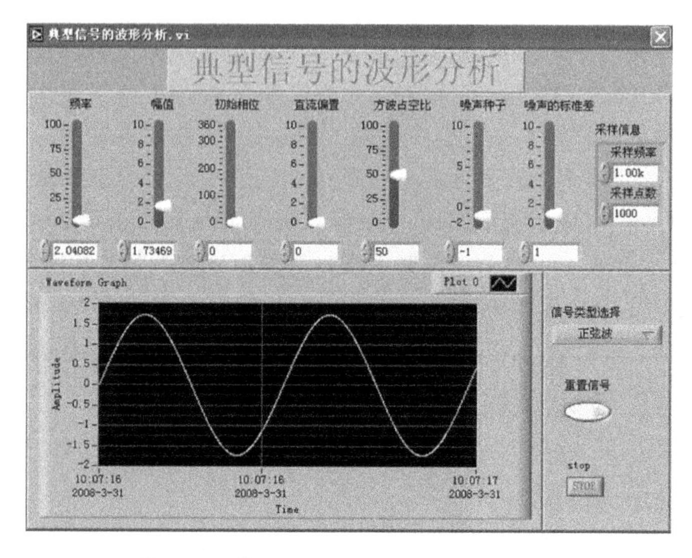

图 3-1-2 典型信号的波形分析实验前面板

2. 多频信号发生实验

在实际测试当中,采样得到的信号往往有很多,这些信号的频率、幅度等特征不一样,因此在检验测试系统时需要用合成信号来仿真,以便尽量使之与真实测试环境信号保持一致。

多频信号发生器在时域中产生一组频率幅值不同的波形,通过傅里叶变换,可得到在频域中的波形。本实验的前面板如图 3-1-3 所示,用三个一维数组输入控件设置各个分量的频率、幅值、初始相位,在数组中处于相同位置的频率、幅值、初始相位组成一个分量。为了证明所生成的确实是多频波,对信号进行傅里叶变换,观察其频域图,结果表明确实与设置相吻合。本实验的程序面板如图 3-1-4所示。本实验所用的混合单频信号发生器的 vi 子程序可通过函数选板→信号处理→波形生成调用。

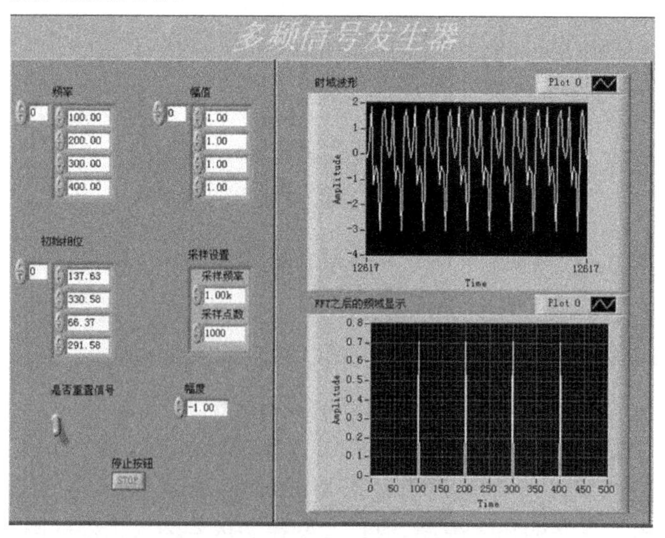

图 3-1-3 多频信号发生实验前面板

注意：频域图中幅值比时域图中信号峰值小，这是因为时域中显示的是有效值，对正弦波来说，有效值为峰值的$\frac{\sqrt{2}}{2}$。

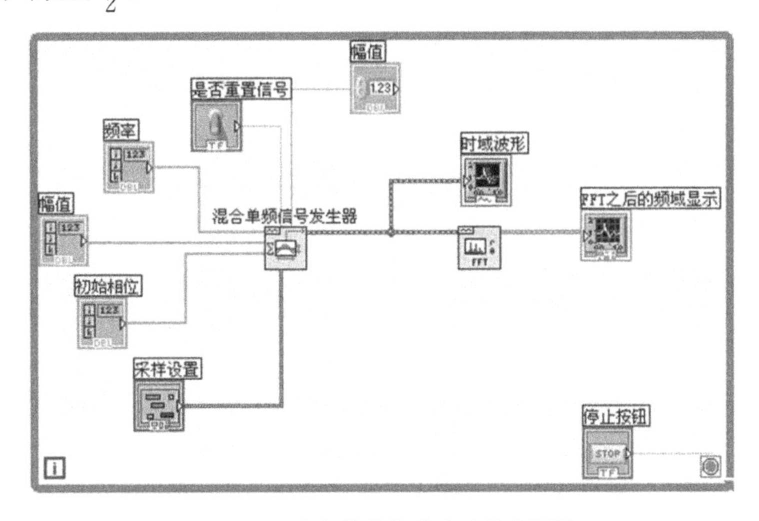

图 3-1-4 多频信号发生实验程序面板

3. 多谐信号附加噪声的波形发生实验

多谐信号附加噪声的波形发生实验，主要加入了对多谐信号的设置参数，从而观测不同参数设置下的波形变化，要求学会多谐信号附加噪声的波形发生器的使用。本实验的前面板如图 3-1-5 所示，程序面板如图 3-1-6 所示。本实验所用的混合单频与噪声波形的 vi 子程序可通过函数选板→信号处理→波形生成调用。

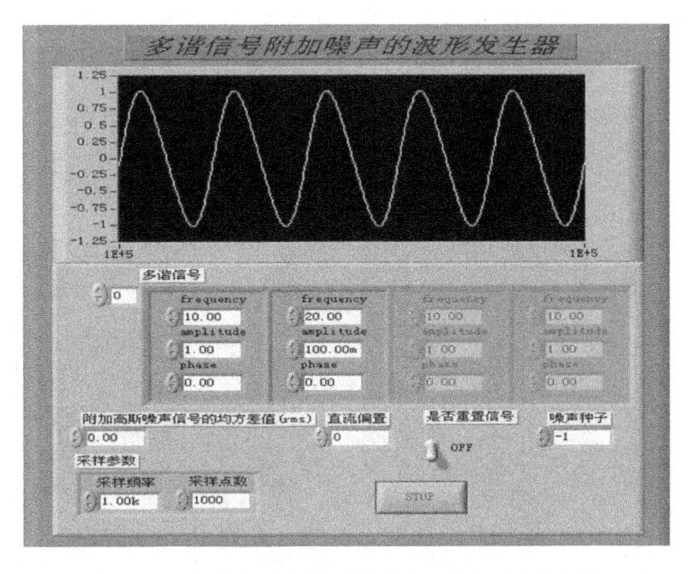

图 3-1-5 多谐信号附加噪声的波形发生实验前面板

4. 噪声信号发生实验

在以往的测试系统设计中，一般假定测试环境是理想的，即不存在噪声、干扰，在实验阶段再对噪声进行相关处理。在测试系统主要方案、硬件都已基本确立的情况下再来考虑噪声问题，往往使得噪声处理很难做到尽善尽美。在现代测试系统设计中，测试环境如果是相对稳定的或者是可以预知其变化的，那么就可以先行考察、分析测试环境的噪声来源、类型，以便在设

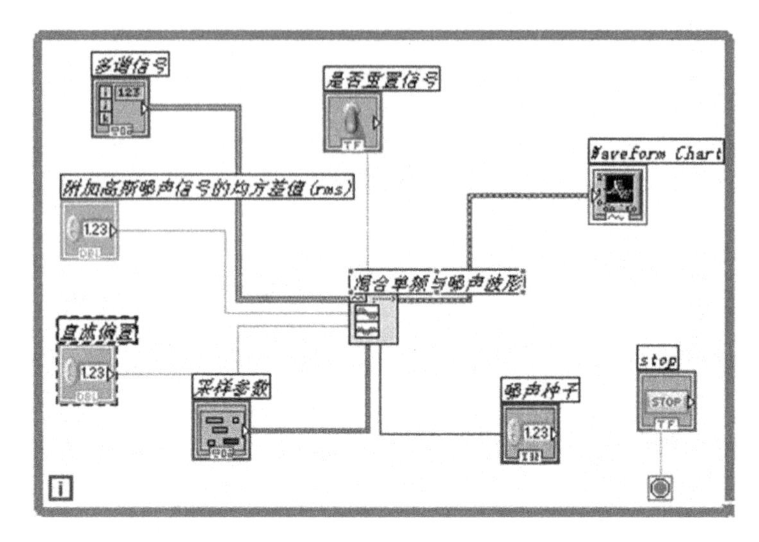

图 3-1-6 多谱信号附加噪声程序面板

计阶段有针对性地做好预处理设计。边设计边测试，让测试贯穿设计的整个过程是测试系统设计的趋势。因此，在对测试信号进行仿真的时候，应尽量使信号接近实际测试环境，很多时候可以用标准信号和标准噪声合成来实现仿真。

LabVIEW 中提供了常见的、具有代表性的噪声信号产生模块，可以产生均匀白噪声、高斯白噪声、周期随机噪声、反幂律噪声、伽马噪声、泊松噪声、二项分布噪声、伯努利噪声、MLS 序列噪声等。本实验要求能够产生 LabVIEW 中所提供的 9 种噪声波形，包括均匀白噪声、高斯白噪声、周期随机噪声、反幂律噪声、伽马噪声、泊松噪声、二项分布噪声、伯努利噪声和 MLS 序列噪声。通过选择不同的噪声和加窗，观测各噪声时域、频域内的波形。本实验的前面板如图 3-1-7 所示。实验所用的 vi 子程序可通过函数选板→信号处理→波形生成调用。

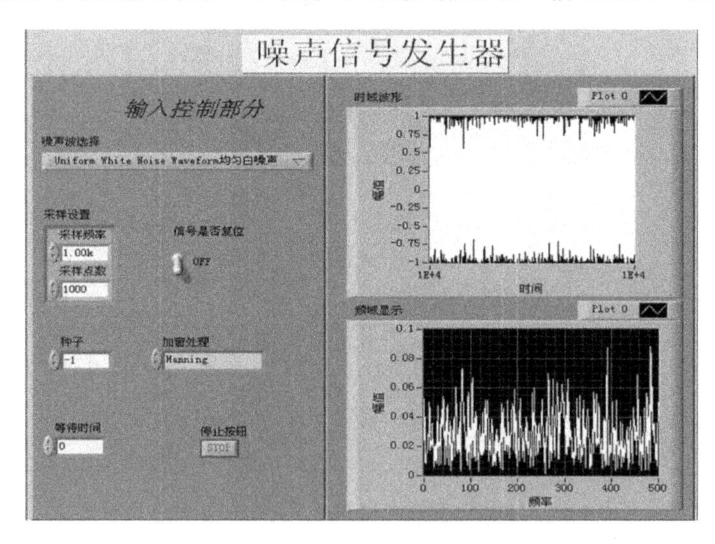

图 3-1-7 噪声信号发生实验前面板

5. 公式波形信号发生实验

用公式节点可以产生能够用公式进行描述的信号，也就是确定信号，包括周期信号和非周期信号，但不推荐用它来产生随机信号。信号发生器可以用来产生周期信号和随机信号，但是其功能已经固定,提供的基本周期信号和随机信号种类并不是无限的。如果需要产生一些周期信号或其他在测试领域需要仿真的特殊信号,可以考虑用公式节点产生。用公式节点产生信号的另一种情况就是产生经过复杂运算生成的信号,这样就可以避免烦琐的图标摆放和连线,公式节点产生的信号是数组形式,而用公式波形产生的信号直接就是波形数据,这个 vi 子程序可通过函数选板→信号处理→波形生成→信号波形调用。公式波形信号发生器主要针对具体的公式,产生对应的波形信号。本实验的前面板如图 3-1-8 所示。

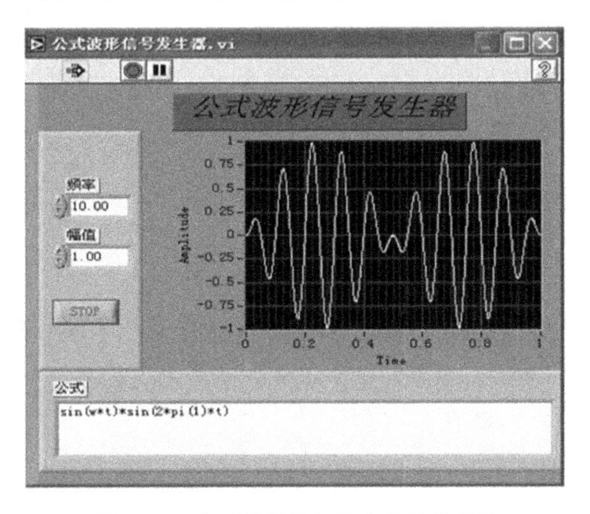

图 3-1-8　公式波形信号发生实验前面板

六、实验报告要求

(1) 简述实验目的和原理;
(2) 按实验原理编制相应 LabVIEW 程序;
(3) 记录典型的实验曲线,并进行分析;
(4) 提交相应的 LabVIEW 程序。

七、思考题

基于 LabVIEW 软件,自行设计虚拟数字信号发生器。

实验二　信号采集与分析实验

一、实验目的

(1) 学会信号采集的基本步骤和方法;
(2) 学会信号处理的基本步骤和方法;

(3) 学会使用 LabVIEW 读写硬件的基本步骤和方法；

(4) 学会使用 LabVIEW 读写文件的基本步骤和方法。

二、实验设备

(1) 计算机 1 台；

(2) LabVIEW 软件 1 套；

(3) 打印机 1 台。

三、实验原理

1. 信号傅里叶变换原理

傅里叶变换是信号分析和处理中的一个重要工具，可把一个时域的问题通过傅里叶变换转换成频域的问题来进行研究。傅里叶变换在数学中的定义是严格的。设 $x(t)$ 为 t 的函数，如果 $x(t)$ 满足狄里赫利条件，则有：

$$X(f) = \int_{-\infty}^{+\infty} x(t)\mathrm{e}^{-\mathrm{j}2\pi ft}\mathrm{d}t \tag{3-2-1}$$

$$x(t) = \int_{-\infty}^{+\infty} X(f)\mathrm{e}^{-\mathrm{j}2\pi ft}\mathrm{d}f \tag{3-2-2}$$

连续傅里叶变换实现了测试信号从时域到频域的转换，在理论分析中具有很大的价值。然而连续傅里叶变换不能直接应用计算机技术，烦琐的计算限制了它的进一步发展。离散傅里叶变换的出现，使得数学方法与计算机技术产生了联系，在某种意义上说，也使得傅里叶变换有了更重要的实用价值。

如果 $x(n)$ 为一时域数字序列，则其离散傅里叶变换定义可表示为

$$X(k) = \sum_{n=0}^{N-1} x(n)\mathrm{e}^{-\mathrm{j}\frac{2\pi kn}{N}} \tag{3-2-3}$$

离散傅里叶逆变换定义可表示为

$$x(n) = \frac{1}{N}\sum_{k=0}^{N-1} X(k)\mathrm{e}^{-\mathrm{j}\frac{2\pi kn}{N}} \tag{3-2-4}$$

离散傅里叶变换实现了离散信号从时域到频域的转换，在数字信号处理中非常有用。

2. 频混现象原理及采样定理

频混现象又称为频谱混叠效应，它是采样信号频谱发生变化，导致高频成分和低频成分发生混淆的一种现象，如图 3-2-1 所示。信号 $x(t)$ 的傅里叶变换为 $X(\omega)$，其频带范围为 $-\omega_m \sim +\omega_m$；采样信号 $x(t)$ 的傅里叶变换是一个周期谱图，其采样频率为 ω_s，并且 $\omega_s = 2\pi/T_s$，其中 T_s 为时域采样周期。当采样周期 T_s 较小时，$\omega_s > 2\omega_m$，周期谱图相互分离，如图 3-2-1(b)所示；当 T_s 较大时，$\omega_s < 2\omega_m$，周期谱图相互重叠，亦即谱图之间高频与低频部分发生重叠，出现频混现象，如图 3-2-1(c)所示，这将使信号复原时丢失原始信号中的高频信息。

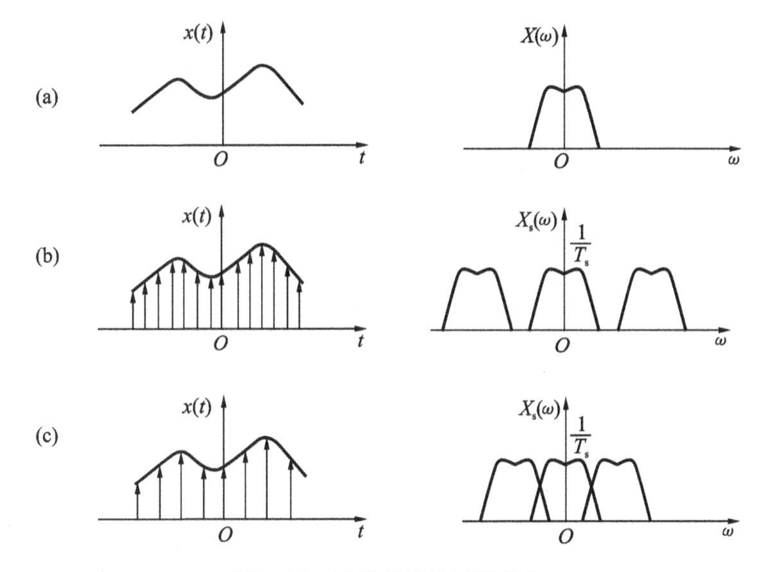

图 3-2-1　采样信号的频混现象

如图 3-2-2 所示，从时域信号波形分析，图 3-2-2(a)所示是频率正确的情况，以及其复原信号；图3-2-2(b)所示是采样频率过低的情况，复原的是一个虚假的低频信号。当采样信号的频率低于被采样信号的最高频率时，采样所得的信号中将混入虚假的低频分量，这种现象称为频率混叠，简称频混。

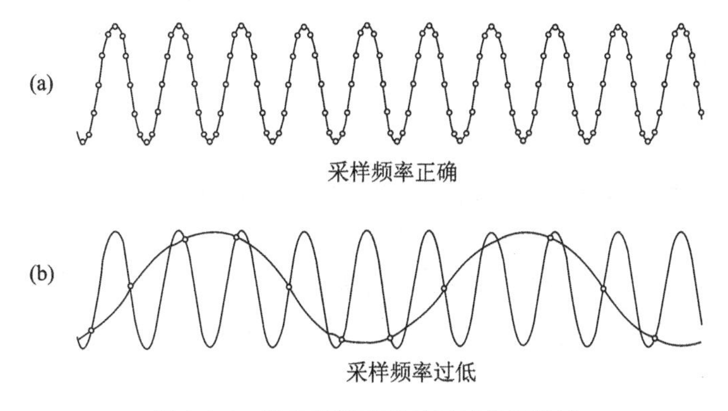

图 3-2-2　发生频混现象的时域信号波形

频混现象原理表明，如果 $\omega_s > 2\omega_m$，就不发生频混现象，因此对采样脉冲序列的间隔 T_s 须加以限制，即采样频率 $\omega_s(2\pi/T_s)$或 $f_s(1/T_s)$必须大于或等于信号 $x(t)$的最高频率 ω_m 的两倍，即 $\omega_s > 2\omega_m$ 或 $f_s > 2f_m$。为了保证采样后的信号能真实地保留原始模拟信号的信息，采样信号的频率必须至少为原信号中最高频率成分的 2 倍。这是采样的基本法则，称为采样定理。需要注意的是，在对信号进行采样时，满足了采样定理，只能保证不发生频混，对信号的频谱做逆傅里叶变换时，可以将信号完全变换为原时域采样信号，但不能保证此时的采样信号能真实地反映原信号。工程实际中采样频率通常大于信号中最高频率成分的 3～5 倍。

3. 信号卷积与相关分析原理

卷积是信号分析的一个重要概念。它可以求线性系统对任何激励信号的零状态响应，是沟通时域与频域关系的一个桥梁。

对连续时间信号的卷积称为卷积积分，定义为

$$f(t) = f_1(t) * f_2(t) = \int_{-\infty}^{+\infty} f_1(\tau) f_2(t-\tau) \mathrm{d}\tau \tag{3-2-5}$$

对离散时间信号的卷积称为卷积和，定义为

$$f(k) = f_1(k) * f_2(k) = \sum_{i=-\infty}^{\infty} f_1(i) * f_2(k-i) \tag{3-2-6}$$

在信号处理中经常要研究两个信号之间的关系和相似性，研究一个信号经过一定延迟后自身的相似性，以实现信号的监测、识别与提取等。相关分析是指分析变量之间关系或者相似性，是进行时域信号处理的一种重要方法。对确定信号来说，两个变量之间的关系可以用函数来描述，而两个随机变量之间不具有这样的确定关系。但是，如果这两个变量之间具有某种内在联系，那么，通过大量统计就能发现它们之间存在虽不精确但却有表征其特征的相似关系。

当信号 $x(n)$ 与 $y(n)$ 均为能量信号时，相关函数定义为

$$R_{xy}(m) = \sum_{n=-\infty}^{\infty} x(n)y(n+m) \quad 或 \quad R_{yx}(m) = \sum_{n=-\infty}^{\infty} y(n)x(n+m) \tag{3-2-7}$$

式中：$R_{xy}(m)$、$R_{yx}(m)$分别表示信号 $x(n)$ 与 $y(n)$ 在延时 m 时的相似程度，又称为互相关函数。当 $x(n)=y(n)$ 时，称为自相关函数。当信号 $x(n)$ 与 $y(n)$ 均为功率信号时，相关函数定义为

$$R_{xy}(m) = \lim_{N\to\infty} \frac{1}{2N+1} \sum_{n=-N}^{N} x(n)y(n+m) \quad 或 \quad R_{yx}(m) = \lim_{N\to\infty} \frac{1}{2N+1} \sum_{n=-N}^{N} y(n)x(n+m) \tag{3-2-8}$$

自相关函数为

$$R_{xy}(m) = R_{xx}(m) = \lim_{N\to\infty} \frac{1}{2N+1} \sum_{n=-N}^{N} x(n)y(n+m) \tag{3-2-9}$$

相关函数描述了两个信号或一个信号自身波形不同时刻的相关性（或相似程度），揭示了信号波形的结构特性，通过相关分析我们可以发现信号中许多有规律的东西。相关分析作为信号的时域分析方法之一，为工程应用提供了重要信息，特别是对于在噪声背景下提取有用信息，更显示了它的实际应用价值。

四、实验内容与步骤

1. 基于声卡的虚拟示波器实验

基于声卡的虚拟示波器实验主要是通过虚拟左右声道的数据采集、标定，显示其波形图和频谱图等，并求取左右声道的基波频率，亦即提取声卡左右声道信号的单频信息。同时，实验能够通过前面板改变声卡信号采集参数，包括声音质量、采样率和采样位数，控制采样启停和采样时间，最后将采集到的声卡信号存储到波形文件中。本实验前面板如图 3-2-3 所示。

本实验所使用与声卡采集有关的 LabVIEW 子程序可通过函数选板中的编程→图像与声音→声音调用。实验中涉及访问硬件设备和文件。在 LabVIEW 中访问硬件的基本步骤和方法是打开（配置）设备→获取任务 ID 或者引用句柄→启动设备→采集（操作设备）→其他处理（如信号处理等）→停止设备→关闭设备。在 LabVIEW 中访问文件的基本步骤和方法是配置文件路径（路径可通过函数选板中的编程→文件 I/O→路径相关操作程序或者通过函数选板

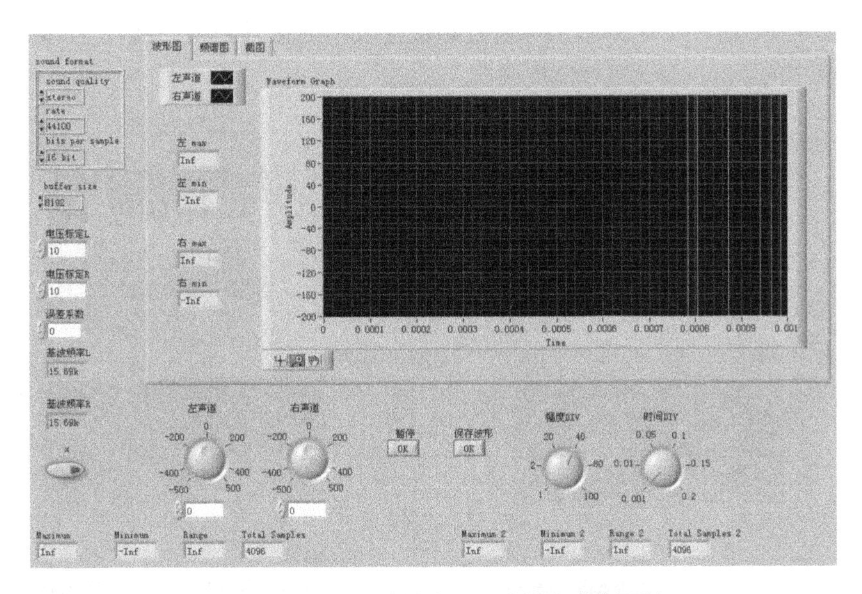

图 3-2-3 基于声卡的虚拟示波器实验前面板

中的编程→文件 I/O→文件常量→路径相关操作程序进行配置)→打开文件(可通过函数选板中的编程→文件 I/O→打开文件程序进行操作,也可以使用特定类型的文件操作,例如函数选板中的编程→图像与声音→声音→声音文件等)→获取文件引用句柄→操作文件(读写文件等)→关闭文件。本实验程序面板如图 3-2-4 所示。

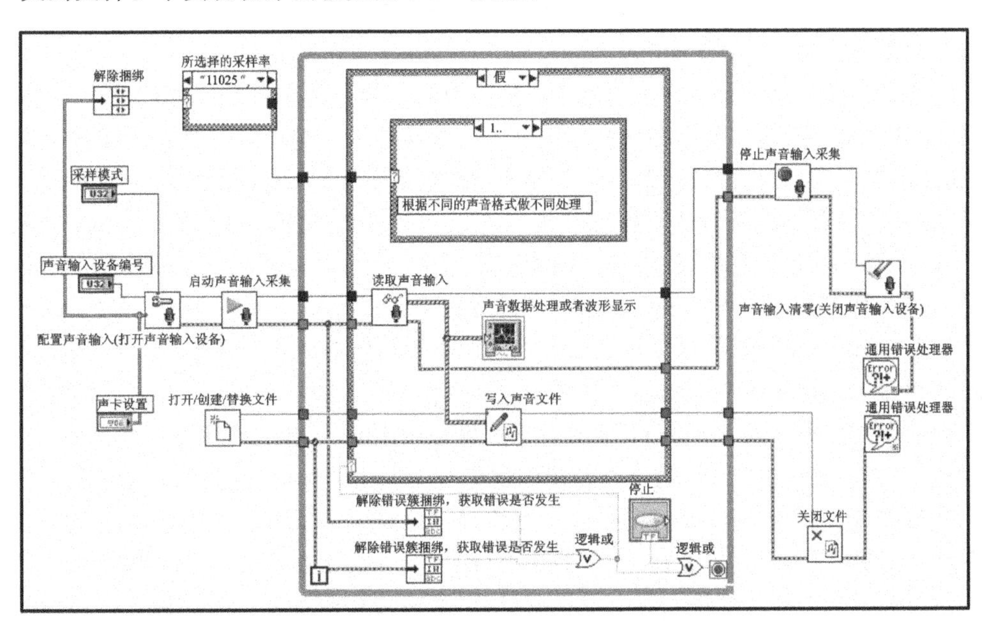

图 3-2-4 基于声卡的虚拟示波器实验程序

2. 声卡示波器实验

本实验的实验内容是对声卡信号进行滤波,输出滤波前后的信号波形图,并求取和输出滤波前后信号的幅频谱和相位谱,以及滤波前信号的基波频率,亦即提取声卡信号的单频信息。本实验的前面板如图 3-2-5 所示。实验的前面板能够显示信号的波形图、幅频谱图、相位谱图和基波频率,并且能够通过前面板改变声卡信号采集参数,包括通道数、采样率和样位数。本实验所使用的相关 LabVIEW 子程序可通过函数选板中的信号处理→滤波器、谱分析和变换以及函数选板中的 Express→信号分析调用。

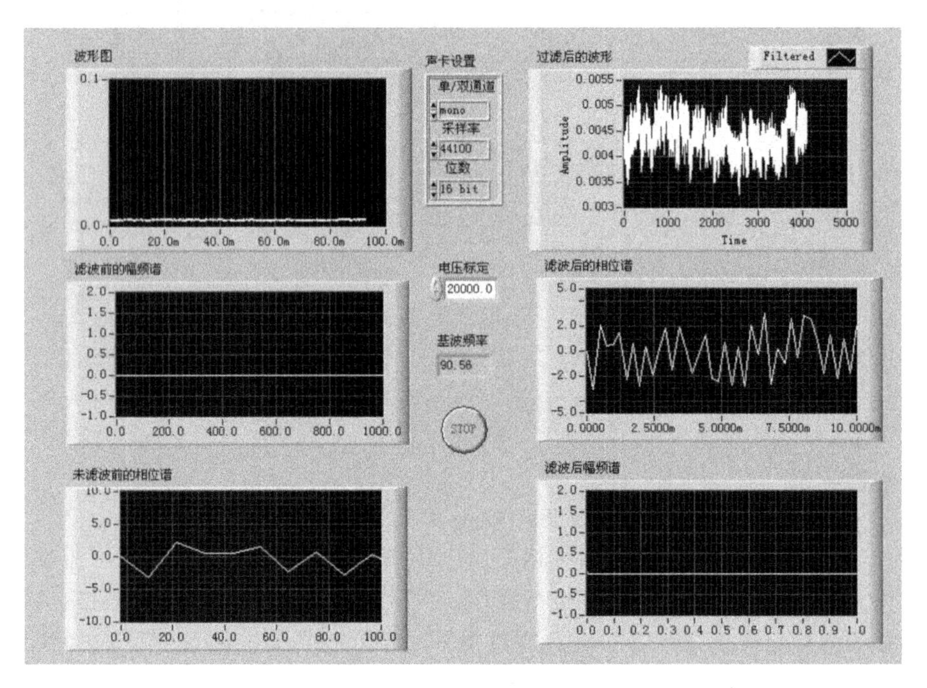

图 3-2-5 声卡示波器实验前面板

3. 声卡数据采集与分析实验

本实验的目的为对采集得来的信号进行滤波前后的快速傅里叶变换幅值相位谱分析、自相关分析、功率谱分析等。本实验的前面板如图 3-2-6 所示。实验内容是对声卡信号进行滤波，输出滤波前后的信号波形图，并求取和输出滤波前后信号的快速傅里叶变换幅值相位谱、自相关功率谱，以及滤波前信号的基波频率，亦即提取声卡信号的单频信息。实验的前面板能够显示信号的波形图、幅频谱图、相位谱图和基波频率，并且能够通过前面板改变声卡信号采集参数，包括通道数、采样率和采样位数。本实验所使用的相关 LabVIEW 子程序可通过函数选板中的信号处理→滤波器、谱分析和变换以及函数选板中的 Express→信号分析调用。

4. 模拟输入输出实验

本实验的实验内容是操作声卡，模拟声音的输入和输出，并利用操作设备过程中可能产生的异常或者错误来控制输入和输出以及程序的运行与退出。同时，通过 LabVIEW 对模拟输出数据进行处理，最后将不同类型的声音数据输出到声音输出设备。本实验要求的声音输出类型包括单通道 8 位输出、单通道 16 位输出、立体声 8 位输出和立体声 16 位输出。同时，实验能够通过前面板动态改变输入输出设备编号、声音格式和声音输入缓冲区。本实验的前面板如图 3-2-7 所示。

本实验所使用与声卡采集有关的 LabVIEW 子程序可通过函数选板中的编程→图像与声音→声音调用。实验中需要访问硬件设备和文件。在 LabVIEW 中访问硬件的基本步骤和方法是：打开（配置）设备→获取任务 ID 或者引用句柄→启动设备→采集（操作设备）→其他处理（如信号处理等）→停止设备→关闭设备。

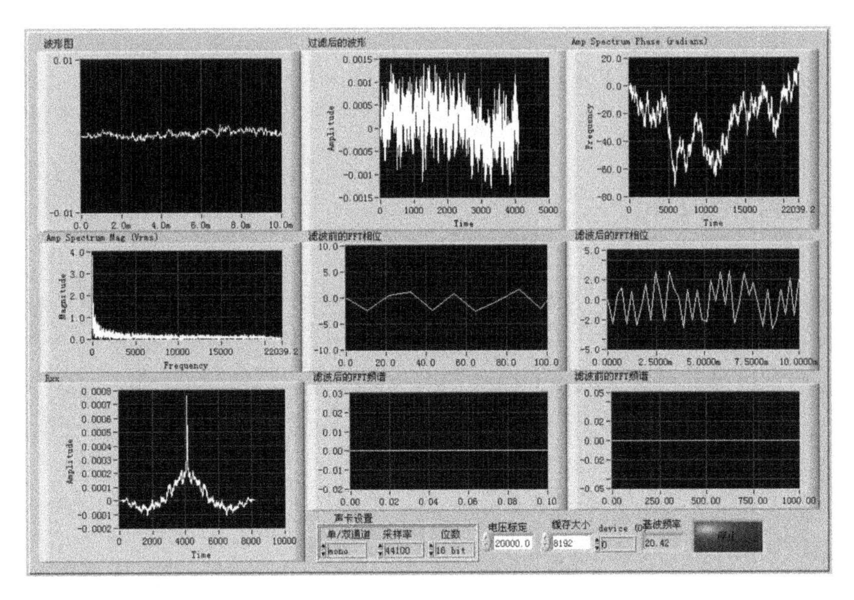

图 3-2-6　声卡数据采集与分析实验前面板

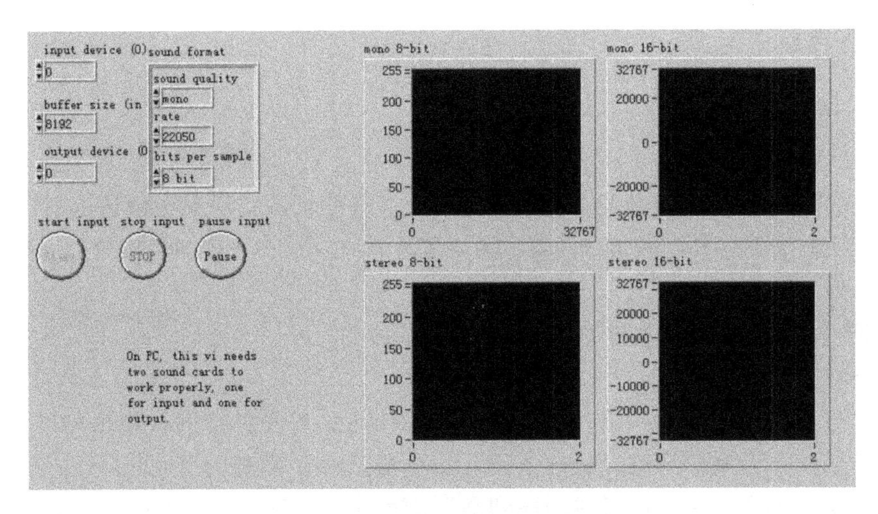

图 3-2-7　模拟输入输出实验前面板

五、实验报告要求

(1) 简述实验目的和原理；

(2) 按实验原理编制相应 LabVIEW 程序，并分析实验结果；

(3) 提交相应的 LabVIEW 程序。

六、思考题

基于计算机声卡，编写数据采集子程序。

实验三　信号频谱分析实验

一、实验目的

(1) 在理论学习的基础上，通过本实验熟悉典型信号的波形和频谱特征，并能够从信号频谱中读取所需的信息；

(2) 了解信号频谱分析的基本方法及仪器设备。

二、实验设备

(1) 计算机 1 台；

(2) LabVIEW 软件 1 套；

(3) 打印机 1 台。

三、实验原理

将信号的时域描述，通过数学处理变换到频域进行分析的方法称为频谱分析。根据信号的性质及变换方法不同可以将频域谱表示为幅值谱、相位谱、功率谱、幅值谱密度等。

1. 信号傅里叶变换原理

信号傅里叶变换原理见本章实验二。

2. 信号功率谱原理

随机信号是时域无限信号，不具备可积分条件，因此不能直接进行傅里叶变换，常以具有统计特性的功率谱来作为谱分析的依据。功率谱又称功率谱密度，是信号功率相对于频率的分布。功率谱定义信号或者时间序列功率随频率的分布，在信号分析与处理中起着很重要的作用。

功率谱密度中功率的具体含义可能是实际物理上的功率，也可能是抽象信号数值的平方，亦即当信号负载为 1 Ω 时的实际功率。由于平均值不为零的信号不是平方可积的，因此，信号傅里叶变换在这种情况下不存在。

功率谱分析是分析信号或者时间序列功率随频率的分布，与频谱分析存在巨大差别。频谱分析是对动态信号在频域内进行分析，分析的结果是以频率为坐标的各种物理量的谱线和曲线，可得到各种幅值以频率为变量的频谱函数。频谱分析中可求得幅值谱、相位谱、功率谱和各种谱密度等。频谱分析过程较为复杂，它是以傅里叶级数和傅里叶积分为基础的。

功率谱是针对随机过程中信号功率的统计，平稳随机过程的功率谱是一个确定函数。功率谱是针对功率有限信号的，所表现的是单位频带内信号功率随频率的变化情况，保留了频谱的幅度信息，但是丢掉了相位信息，所以频谱不同的信号其功率谱是可能相同的。功率谱估计是数字信号处理的主要内容之一，主要研究信号在频域中的各种特征，目的是根据有限数据在频域内提取被淹没在噪声中的有用信号。

3. 信号自功率谱与互谱原理

随机信号是时域无限信号，不具备可积分条件，因此不能直接进行傅里叶变换，又因为随机信号的频率、幅值、相位都是随机的，因此从理论上讲，一般不做幅值谱和相位谱分析，而是用具有统计特性的功率谱密度来做谱分析。

根据维纳-辛钦公式，平稳随机过程的功率谱密度 $s_x(f)$ 与自相关函数 $R_x(\tau)$ 是一傅里叶变换对，即

$$s_x(f) = \int_{-\infty}^{+\infty} R_x(\tau) \mathrm{e}^{-\mathrm{j}2\pi f t} \mathrm{d}\tau \tag{3-3-1}$$

同理可定义两个随机信号 $x(t)$、$y(t)$ 之间的互谱密度函数：

$$s_{xy}(f) = \int_{-\infty}^{+\infty} R_{xy}(\tau) \mathrm{e}^{-\mathrm{j}2\pi f t} \mathrm{d}\tau \tag{3-3-2}$$

互谱表示出了幅值以及两个信号之间的相位关系。互谱不像自功率谱那样具有功率的物理含义，引入互谱是为了能在频域描述两个平稳随机过程的相关性。在实际中，常利用测定线性系统的输出与输入的互谱密度来识别系统的动态特性。

四、实验内容与步骤

1. 典型信号的 FFT 谱分析实验

本实验的内容是在信号发生与分析实验的基础上，对典型信号进行 FFT 谱分析实验，包括 FFT 功率谱分析、FFT 功率谱密度分析、FFT 幅相频谱和 FFT 实虚频谱分析，并将分析结果通过波形图显示出来。同时，在进行典型信号的 FFT 谱分析实验的时候，通过面板选择对 FFT 频谱是否加窗函数。LabVIEW 提供的窗函数包括三角窗和高斯窗等，各个窗所对应编号如图 3-3-1 所示，默认是矩形窗，其编号是 0。LabVIEW 窗函数子程序可通过函数选板→信号处理→窗调用。本实验所使用的相关 vi 子程序可通过函数选板→信号处理→谱分析和变换调用，利用该程序，通过选择原始信号的类型、参数设置（包括频率、幅值、初始相位、直流偏置、方波占空比、噪声种子、噪声标准差等）、采样信息输入、谱分析方法选择、加窗函数选择等操作，用户可观察不同的原始信号及其对应的实频图和虚频图。图 3-3-2 所示的是典型信号 FFT 谱分析实验前面板。

0	矩形
1	Hanning（默认）
2	Hamming
3	Blackman-Harris
4	Exact Blackman
5	Blackman

图 3-3-1 LabVIEW 提供的窗函数及其对应编号

6	Flat Top
7	4 阶 Blackman-Harris
8	7 阶 Blackman-Harris
9	Low Sidelobe
11	Blackman Nuttall
30	三角
31	Bartlett-Hanning
32	Bohman
33	Parzen
34	Welch
60	Kaiser
61	Dolph-Chebyshev
62	高斯

续图 3-3-1

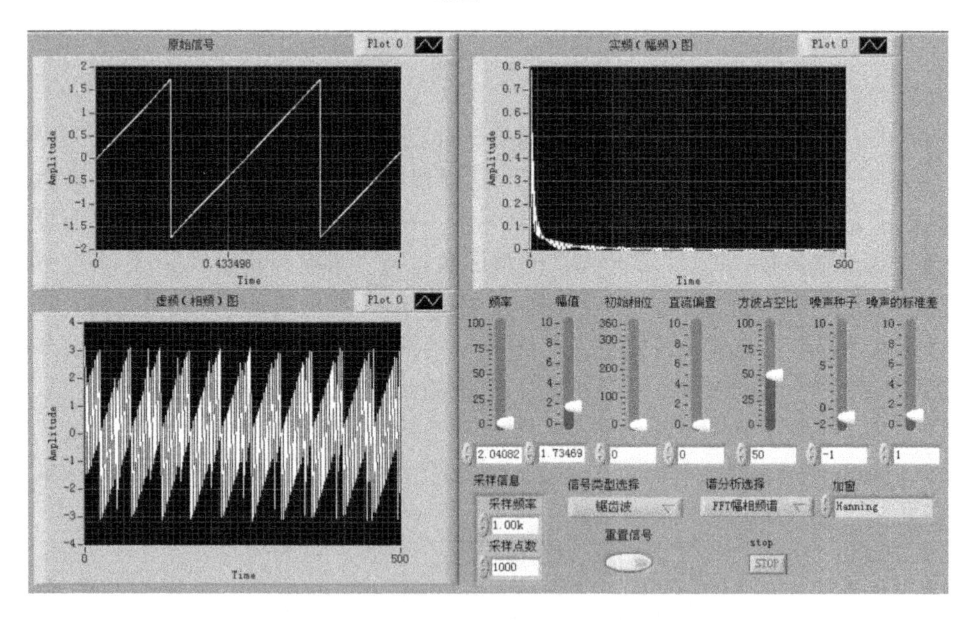

图 3-3-2 典型信号的 FFT 谱分析实验前面板

2. 幅相谱分析实验

如图 3-3-3 所示是典型信号幅相谱分析实验前面板。本实验通过自定义函数发生类型，然后对其进行单边自功率谱、双边自功率谱、幅相谱分析，比较三种不同的谱分析方法所得的结果，让学生对谱分析的原理、图形更为熟悉。

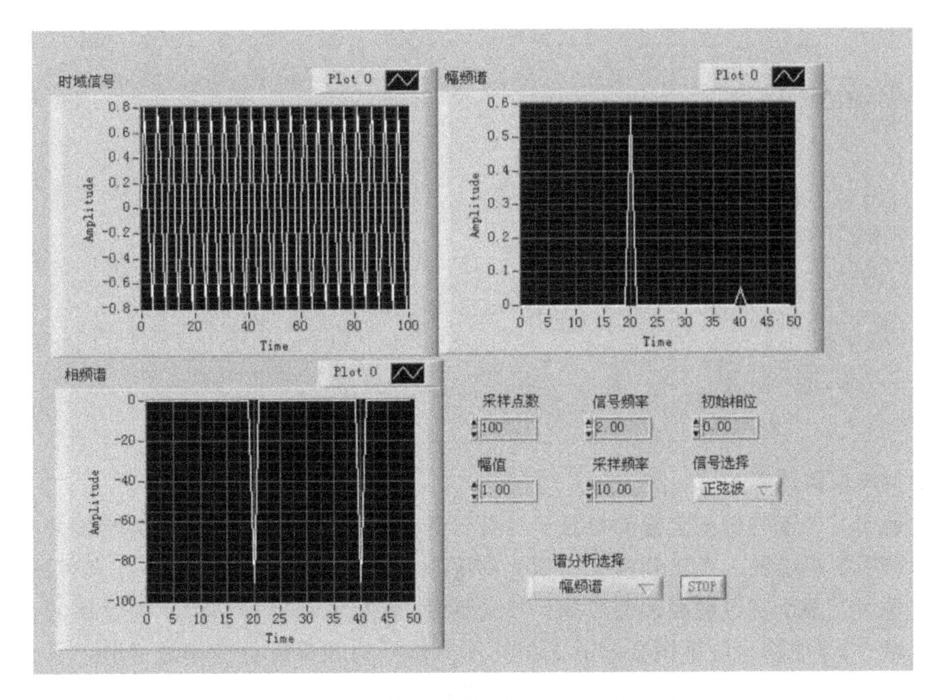

图 3-3-3 典型信号幅相谱分析实验前面板

五、实验报告要求

(1) 简述实验目的和原理；

(2) 按实验原理编制相应 LabVIEW 程序并分析实验结果；

(3) 提交相应的 LabVIEW 程序。

六、思考题

基于 LabVIEW 软件，编写典型信号谱分析程序。

实验四 信号滤波实验

一、实验目的

(1) 掌握数字滤波基本原理；

(2) 比较不同滤波器的滤波效果；

(3) 学习滤波参数设置和滤波器类型选用的方法。

二、实验设备

(1) 计算机 1 台；
(2) LabVIEW 软件 1 套；
(3) 打印机 1 台。

三、实验原理

1. 模拟滤波器原理

滤波是信号处理中的一个重要概念。滤波分为经典滤波和现代滤波。经典滤波是根据傅里叶分析和变换提出的一个工程概念。根据高等数学理论，任何一个满足一定条件的信号，都可以看成是由无限个正弦波叠加而成的。换句话说，就是工程信号是由不同频率的正弦波线性叠加而成的，组成信号的不同频率的正弦波称为信号的频率成分或谐波成分。只允许一定频率范围内的信号成分正常通过，而阻止另一部分频率成分通过的电路，称为经典滤波器或滤波电路。然而实际上，任何一个电子系统都具有自己的频带宽度，亦即往往对信号最高频率进行限制，频率特性反映出了电子系统的这个基本特点。而滤波器则是根据电路参数对电路频带宽度的影响而设计出来的工程应用电路。

用模拟电子电路对模拟信号进行滤波，其基本原理就是利用电路的频率特性实现对信号中频率成分的选择。根据频率滤波时，信号被看成是由不同频率正弦波叠加而成的模拟信号，通过选择不同的频率成分来实现信号滤波，用幅度-频率特性图描述，如图 3-4-1 所示。对于滤波器，增益幅度不为零的频率范围称为通频带，简称通带；增益幅度为零的频率范围称为阻带。当允许信号中较高频率的成分通过滤波器时，这种滤波器称为高通滤波器；当允许信号中较低频率的成分通过滤波器时，这种滤波器称为低通滤波器；当只允许信号中某个频率范围内的成分通过滤波器时，这种滤波器称为带通滤波器；当只允许信号中某个频率范围外的成分通过滤波器时，这种滤波器称为带阻滤波器。图 3-4-1(a)所示是低通滤波器信号，在 $0 \sim f_2$ 频率之间，幅频特性平直，该滤波器可使信号中低于 f_2 的频率成分几乎不受衰减地通过，而高于 f_2 的频率成分受到极大的衰减。图 3-4-1(b)所示为高通滤波器信号。与低通滤波器信号相反，其频率在 $f_1 \sim \infty$ 之间幅频特性平直。该滤波器使信号中高于 f_1 的频率成分几乎不受衰减地通过，而低于 f_1 的频率成分将受到极大地衰减。图中 3-4-1(c)所示为带通滤波器信号。该滤波器的通频带在 $f_1 \sim f_2$ 之间，它使信号中高于 f_1 而低于 f_2 的频率成分可不受衰减地通过，而其他成分受到衰减。图 3-4-1(d)所示为带阻滤波器信号，该滤波器特性与带通滤波器刚好相反。

2. 数字滤波原理

数字滤波是数字信号分析最重要的组成部分之一，数字滤波与模拟滤波相比，具有精度和稳定性高、系统函数容易改变、灵活性高、不存在阻抗匹配问题、便于大规模集成、可实现多维滤波等优点。

数字滤波器的作用是利用离散时间系统的特性对输入信号波形(或频谱)进行加工处理，

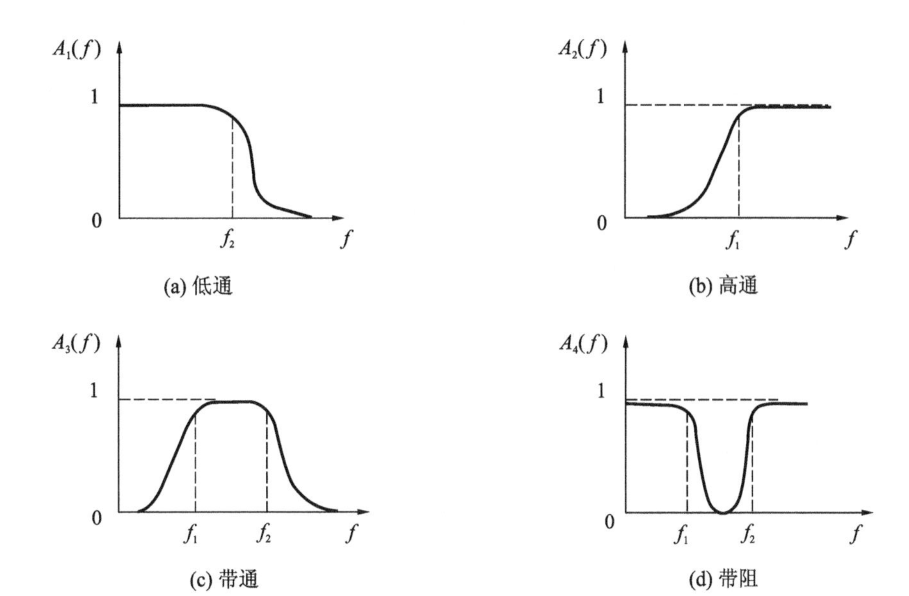

图 3-4-1 滤波器信号

或者说利用数字方法按预定的要求对信号进行变换。把输入序列 $x(n)$ 变换成一定的输出序列 $y(n)$，从而达到改变信号频谱的目的。从广义讲，数字滤波是由计算机程序来实现的，是具有某种算法的数字处理过程。

如图 3-4-2 所示为滤波器处理过程，若输入信号为 $x(t)$，其频谱为 $X(\omega)$，并且已知其频宽为 $\pm\omega_{\mathrm{m}}$。在满足采样定理的条件下进行 A/D 转换，则采样信号的频谱应为

$$X(\mathrm{e}^{\mathrm{j}\omega}) = \frac{1}{T}\sum_{k=-\infty}^{\infty} X(\omega - k\omega_{\mathrm{s}}) \tag{3-4-1}$$

其中采样频率 $\omega_{\mathrm{s}} \geqslant 2\omega_{\mathrm{m}}$。显然这是一个以 ω_{s} 为周期的谱图，通过数字滤波器后，其频谱应为

$$Y(\mathrm{e}^{\mathrm{j}\omega}) = H(\mathrm{e}^{\mathrm{j}\omega})X(\mathrm{e}^{\mathrm{j}\omega}) \tag{3-4-2}$$

显然，信号经过数字滤波以后，仍然是一个周期谱图。数字滤波主要分为有限冲击响应滤波器(FIR)和无限冲击响应滤波器(IIR)两种，FIR 滤波器的滤波计算公式为

$$y(k) = a_0x(k) + a_1x(k+1) + a_2x(k+2) + \cdots + a_mx(k+m) \quad k = 0,1,\cdots,N-m \tag{3-4-3}$$

式中：N 为信号采样长度；m 为数字滤波器长度；$a_0, a_1, a_2, \cdots, a_m$ 为滤波器系数。

FIR 数字滤波器和 IIR 数字滤波器都有专用的设计软件，给出数字滤波器的频率特性就可以求出滤波器的系数。

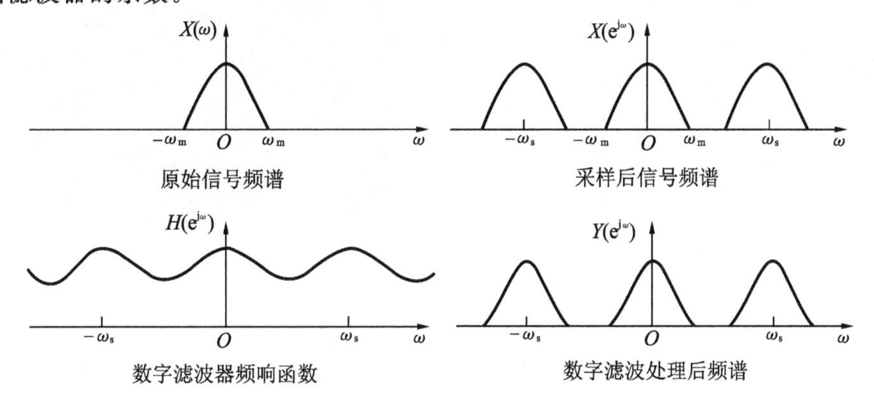

图 3-4-2 滤波器处理过程

滤波器设计之前必须对测试信号有一个正确、全面的认识，这样才能设计出合理的滤波器，使得在保持有用信号的前提下尽可能滤除无用信号。例如：低通滤波器适合有用信号频率低于无用信号频率的情况，高通滤波器则相反；带通滤波器适合有用信号频率较为集中而无用信号频率较为分散的情况，或相对有用信号而言无用信号集中在低频和高频部分的情况；带阻滤波器适合有用信号频率较为分散而无用信号频率较为集中的情况。实际工作中测试信号往往非常复杂，可以通过对滤波器的组合使用来达到更好的滤波作用。

四、实验内容

1. 模拟自相关滤波器实验

本实验的前面板如图 3-4-3 所示，实验程序面板如图 3-4-4 所示。实验内容是通过多路模拟信号的参数设置，生成信号，并对其进行模拟自相关滤波，最后通过 LabVIEW 的波形图控件显示滤波前后信号的波形图。实验所用的信号合成 vi 程序可通过函数选板→信号处理→谱分析调用，所用的模拟信号 vi 程序可通过函数选板→Express→信号分析→信号生成调用，所用的滤波器 vi 程序可通过函数选板→Express→信号分析→滤波器调用，所用的信号合并 vi 程序可通过函数选板→Express→信号操作→信号合并调用，所用的元素同址操作结构 vi 程序可通过函数选板→编程→结构→元素同址操作结构调用，所用的元素同址操作结构 vi 程序可通过函数选板→编程→比较→选择调用，所用的簇捆绑与解捆 vi 程序可通过函数选板→编程→簇、类与变体调用。

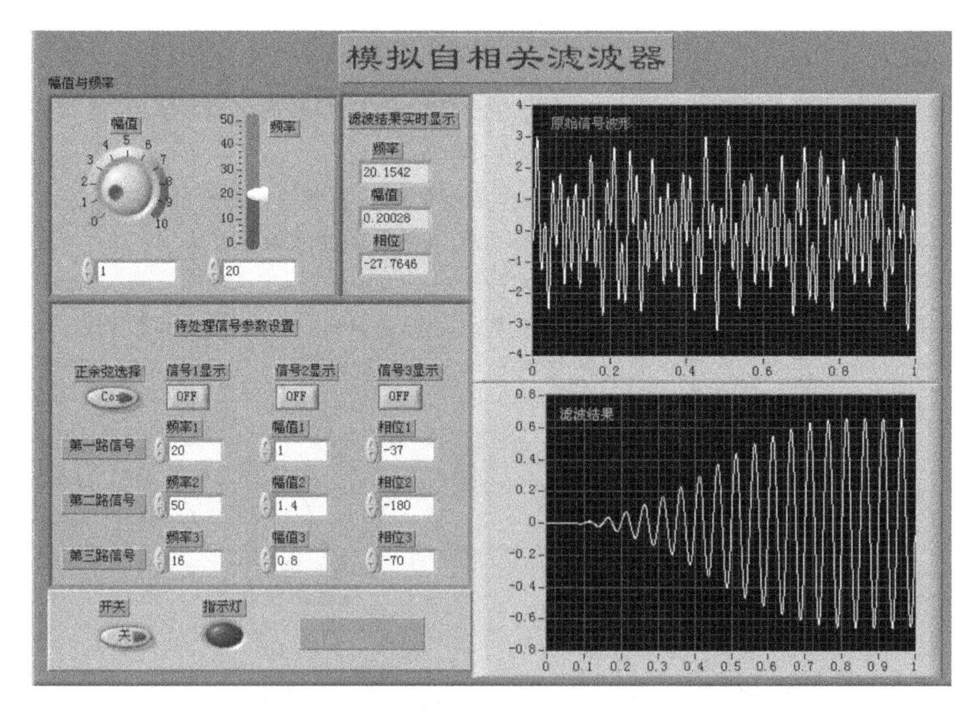

图 3-4-3 模拟自相关滤波器实验前面板

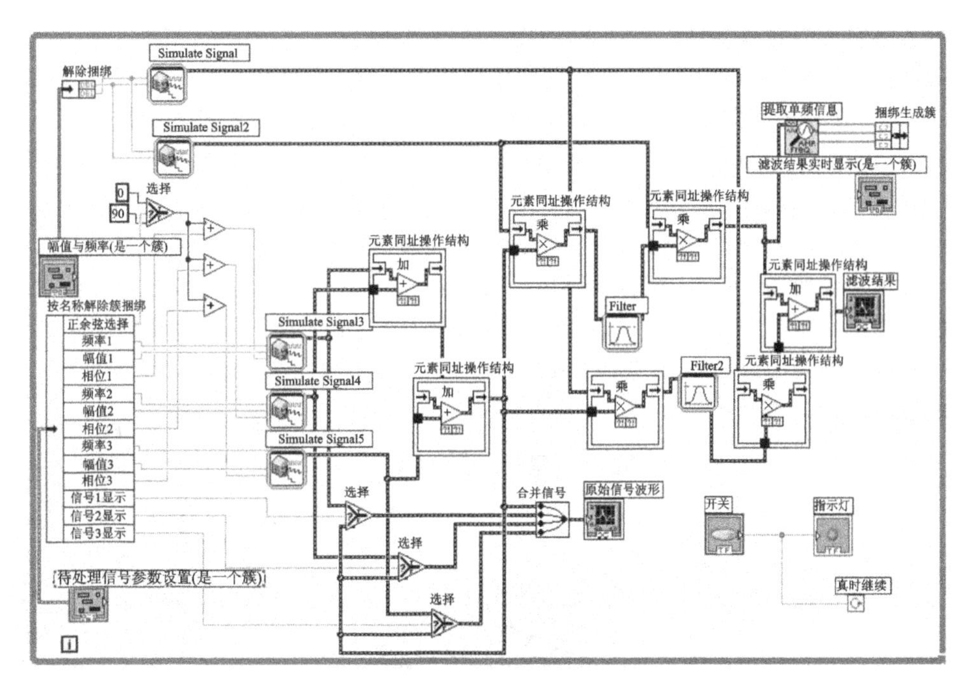

图 3-4-4 模拟自相关滤波器实验程序面板

2. 信号发生与滤波处理实验

本实验的前面板如图 3-4-5 所示。实验内容是生成多种不同信号并且改变信号的发生频率，通过前面板选择不同类型的滤波器和选择不同窗函数对滤波器进行加窗处理，运用 LabVIEW 波形图控件显示滤波前后信号的波形图和功率谱图，并观察滤波前后波形图和功率谱图的变化以及不同类型滤波器输出的波形图和功率谱图的差异。本实验所用的 vi 子程序可通过函数选板→信号处理→滤波器、函数选板→信号处理→信号生成和函数选板→信号处理→波形测量→FFT 频谱(幅度-相位)调用。

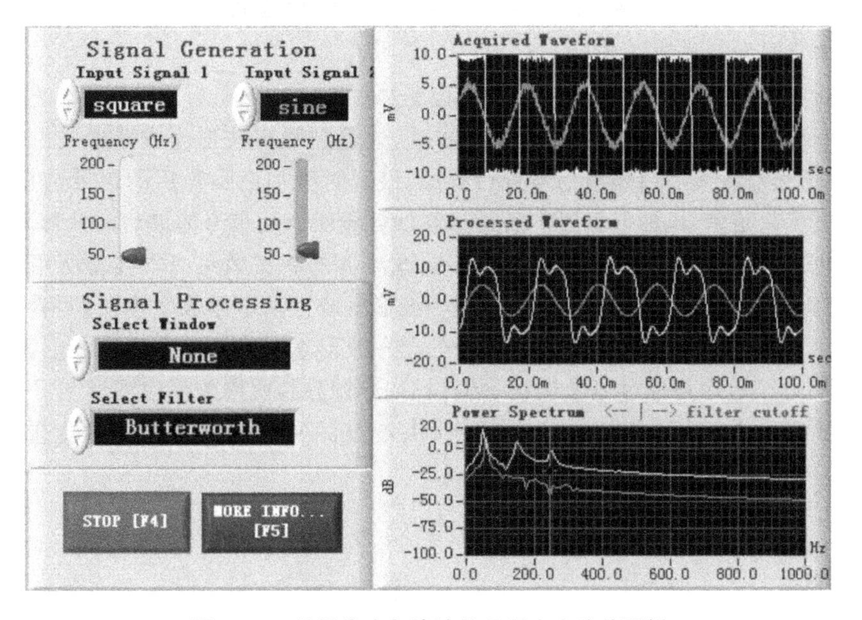

图 3-4-5 信号发生与滤波处理程序实验前面板

3. 输入控制多次滤波实验

本实验的前面板如图 3-4-6 所示，示例程序面板如图 3-4-7 所示。实验内容是通过输入控制，实现多次滤波，并通过波形图控件显示滤波前后信号的时域波形图和频域波形图。实验所用的 Butterworth 滤波器 vi 子程序可通过函数选板→信号处理→滤波器调用，所用的 FFT 频谱(幅度-相位)vi 子程序可通过函数选板→信号处理→波形测量调用，所用的波形成分提取 vi 子程序可通过函数选板→编程→波形调用，所用的均匀白噪声 vi 子程序可通过函数选板→信号处理→波形生成调用，所用的混合单频信号发生器 vi 子程序可通过函数选板→信号处理→波形生成调用。实验中的波形图数据是通过数据序列构造而成的，因此要求学会根据 Y 坐标数据序列通过构造簇的方法生成波形图数据。

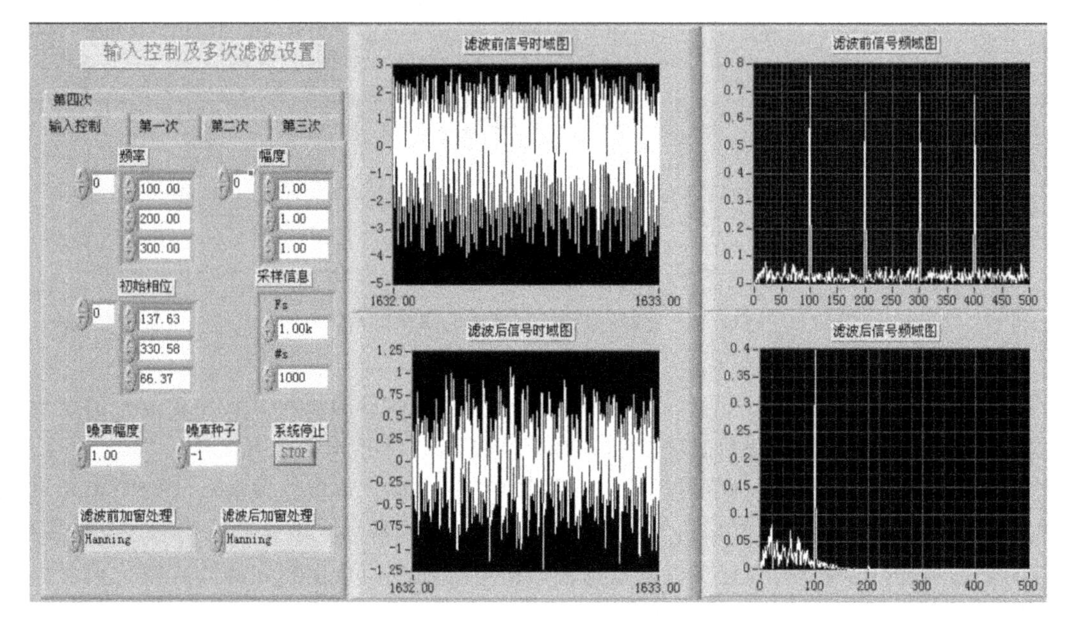

图 3-4-6　输入控制多次滤波实验前面板

4. 叠加噪声信号后的滤波实验

本实验前面板如图 3-4-8 所示，示例程序面板如图 3-4-9 所示。实验内容是通过基本函数发生器生成不同类型信号并设置信号频率等参数，通过白噪声波形生成器生成白噪声并对其进行滤波，将信号与滤波后白噪声信号进行叠加，最后对叠加白噪声后的信号进行滤波，通过波形图控件显示原始信号、加低频噪声后信号和加低频噪声后信号滤波后的波形图，观察各个波形图的变化情况、不同的噪声叠加类型和不同滤波器的滤波效果。本实验所用的基本函数发生器 vi 子程序可通过函数选板→信号处理→波形生成→基本函数发生器调用，所用的均匀白噪声波形 vi 子程序可通过函数选板→信号处理→波形生成→均匀白噪声波形调用，所用的波形成分提取 vi 子程序可通过函数选板→编程→波形调用，所用的创建波形 vi 子程序可通过函数选板→编程→波形调用，所用的 Butterworth 滤波器 vi 子程序可通过函数选板→信号处理→滤波器调用。

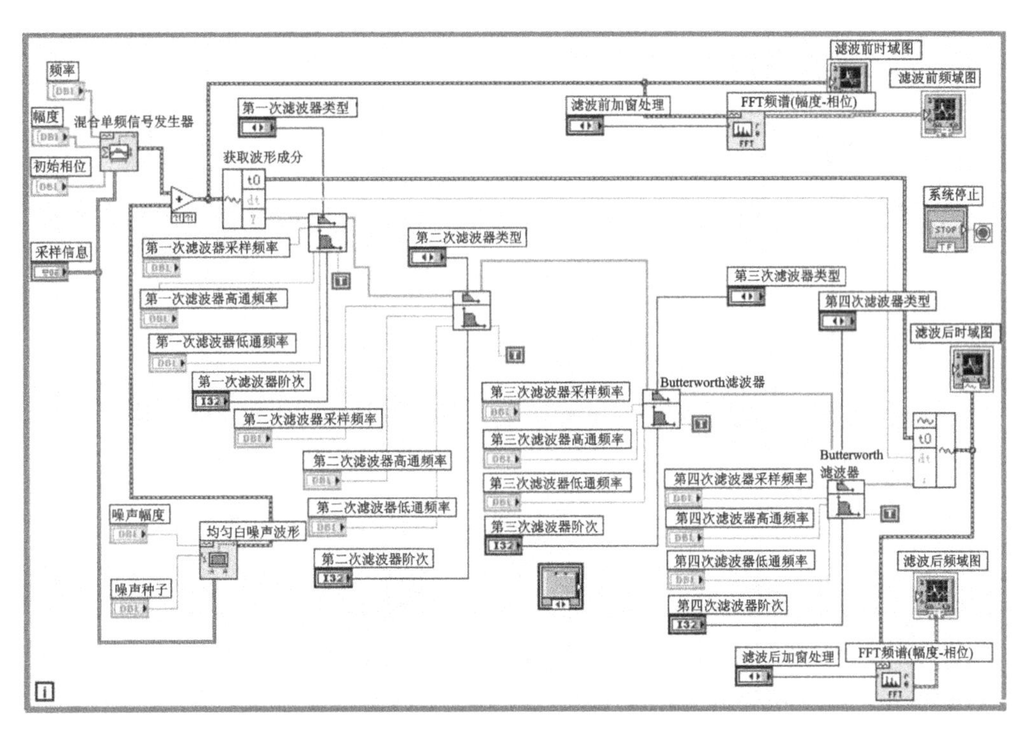

图 3-4-7　输入控制多次滤波实验程序面板

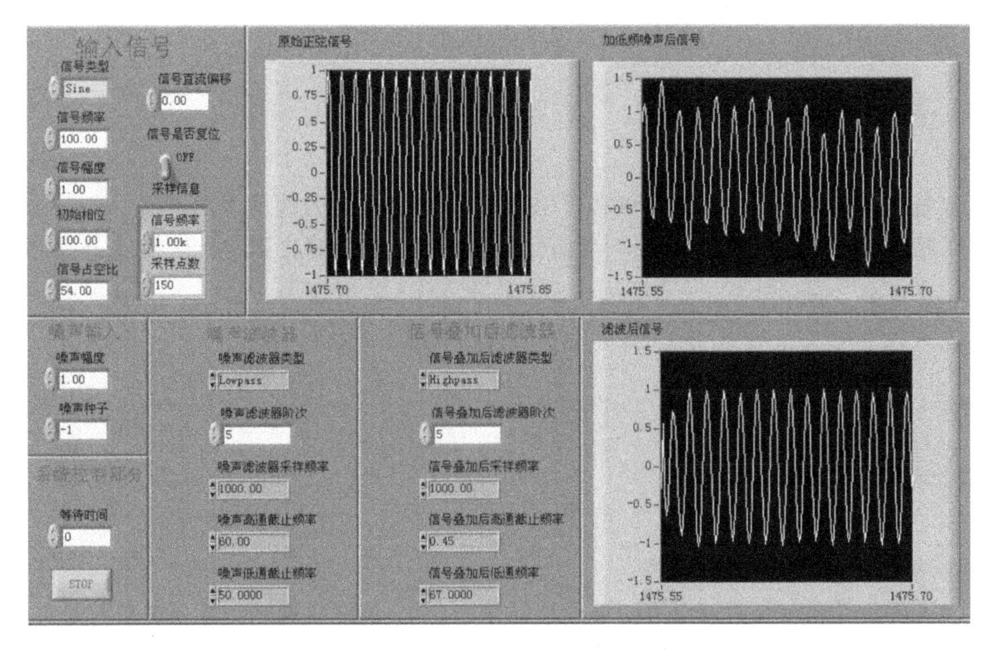

图 3-4-8　叠加噪声信号后的滤波实验前面板

五、实验报告要求

(1) 简述实验目的和原理；

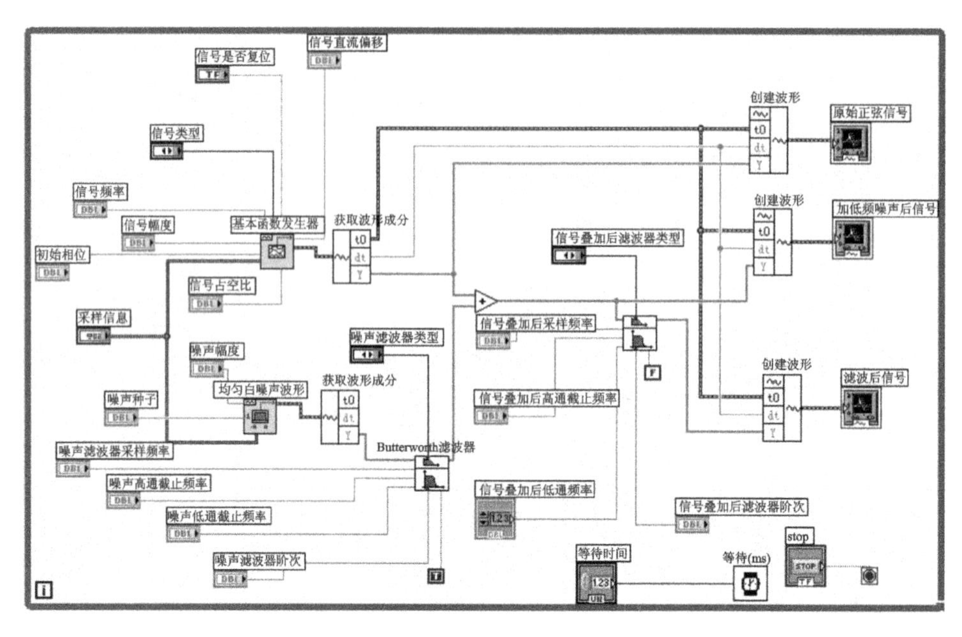

图 3-4-9　叠加噪声信号后的滤波实验程序面板

(2) 按实验原理编制相应 LabVIEW 程序，比较不同滤波器的效果曲线图，并分析实验结果；

(3) 提交相应的 LabVIEW 程序。

六、思考题

(1) 总结不同类型滤波器的特点和适用情况，阐述滤波器的选用原则；

(2) 基于 LabVIEW 软件，编写标准信号叠加噪声信号的滤波器选择程序。

实验五　信号调制解调实验

一、实验目的

(1) 熟悉信号调制与解调原理；

(2) 了解信号调制与解调过程中波形和频谱的变化，加深对调制与解调的理解；

(3) 掌握信号调制与解调基本方法；

(4) 掌握滤波器在信号解调中的作用。

二、实验设备

(1) 计算机 1 台；

(2) LabVIEW 软件 1 套；

(3) 打印机 1 台。

三、实验原理

在测试技术中，信号调制与解调是工程测试信号在传输过程中常用的一种调理方法，主要用于解决微弱缓变信号的放大以及信号的传输问题。例如，被测物理量(温度、位移、力等参数)，经过传感器交换以后，多为低频缓变的微弱信号，对这样一类信号，直接送入直流放大器或交流放大器放大会遇到困难，因为，采用级间直接耦合式的直流放大器放大，将会受到零点漂移的影响。当漂移信号大小接近或超过被测信号时，经过逐级放大后，被测信号会被零点漂移淹没；为了很好地解决缓变信号的放大问题，信息技术中采用了一种对信号进行调制的方法，即先将微弱的缓变信号加载到高频交流信号中去，然后利用交流放大器进行放大，最后再从放大器的输出信号中取出放大了的缓变信号。上述信号传输中的变换过程称为调制与解调。信号调制解调过程示意图如图 3-5-1 所示。

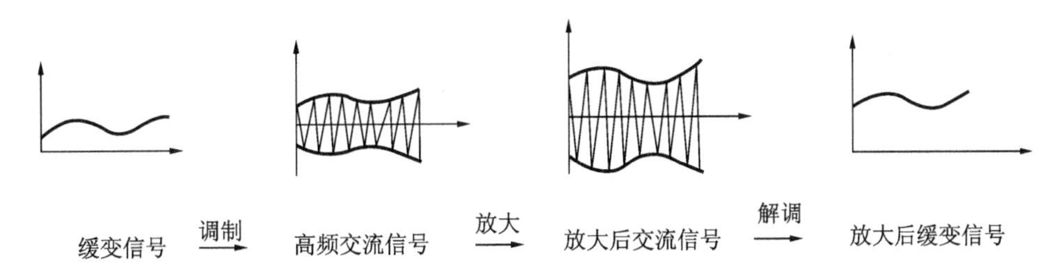

图 3-5-1 调制解调过程示意图

信号调制是用信号 $f(t)$ 控制载波的某一个(或几个)参数，使被控参数按照信号 $f(t)$ 的规律变化的过程。载波可以是正弦波或脉冲序列。以正弦波信号作为载波调制称为连续波(CW)调制。调制过程的逆过程称为解调或反调制。调制过程是一个频谱搬移过程，它是将低频信号的频谱搬移到载频位置。如果要在接收端恢复信号，就要从已调信号的频谱中，将载频信号频谱搬回来。

在信号分析中，信号的截断、窗函数加权等，亦是一种振幅调制；对于混响信号，所谓由于回声效应引起的信号的叠加、乘积、卷积等也是信号调制，其中乘积即为调幅现象。一般正(余)弦调制可分为幅度调制、频率调制、相位调制三种，分别简称为调幅(AM)、调频(FM)、调相(PM)。调幅是将一个高频正弦信号与测试信号相乘，使载波信号幅值随测试信号的变化而变化。

1. 信号调幅与解调基本原理

调幅是将一个高频简谐信号(载波信号)的幅值与被测试的缓变信号（调制信号)相乘，使载波信号的幅值随测试信号的变化而变化。调幅时，载波、调制信号及已调制波的关系如图 3-5-2 所示。设调制信号为被测信号 $x(t)$，其最高频率成分为 f_m，载波信号为 $\cos 2\pi f_0 t$，则可得调幅波：

$$x(t) \cdot \cos 2\pi f_0 t=\frac{1}{2}[x(t)\mathrm{e}^{-\mathrm{j}2\pi f_0 t}+x(t)\mathrm{e}^{\mathrm{j}2\pi f_0 t}] \tag{3-5-1}$$

如果已知傅里叶变换对 $x(t) f \leftrightarrow X(f)$，根据傅里叶变换的性质：在时域中两个信号相乘，

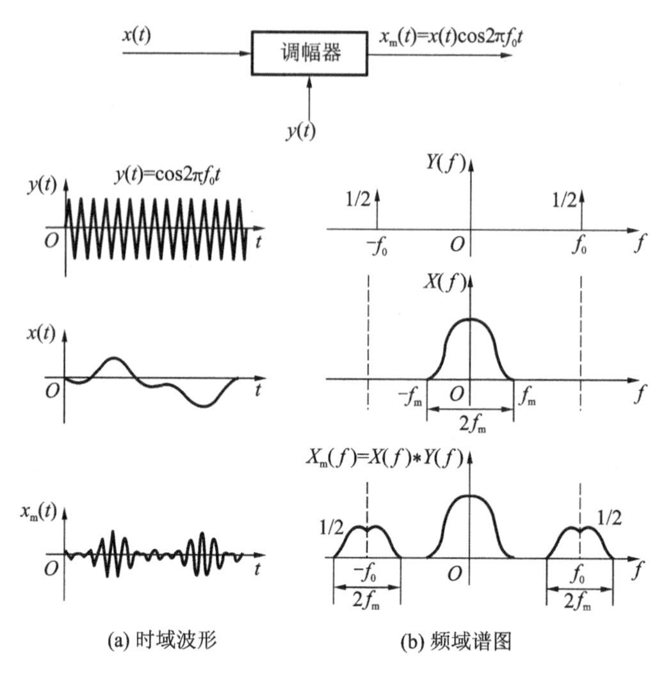

图 3-5-2 调幅过程示意图

则对应在频域中为两个信号进行卷积，即

$$x(t)\cdot y(t)\leftrightarrow X(f)*Y(f) \tag{3-5-2}$$

而余弦函数的频域图形是一对脉冲谱线，即

$$\cos 2\pi f_0 t\leftrightarrow \frac{1}{2}\delta(f-f_0)+\frac{1}{2}\delta(f+f_0) \tag{3-5-3}$$

那么利用傅里叶变换的频移性质，可得

$$x(t)\cdot \cos 2\pi f_0 t\leftrightarrow \frac{1}{2}[X(f)*\delta(f-f_0)+X(f)*\delta(f+f_0)] \tag{3-5-4}$$

由单位脉冲函数的性质可知，一个函数与单位脉冲函数卷积的结果就是将其频谱图形由坐标原点平移至该脉冲函数频率处。所以，如果以高频余弦信号作载波，把信号 $x(t)$ 与载波信号相乘，其结果就相当于把原信号 $x(t)$ 的频谱图形由原点平移至载波频率 f_0 处，其幅值减半，如图 3-5-3 所示。

从调制过程看，载波频率 f_0 必须高于原信号中的最高频率 f_m 才能使已调制波仍能保持原信号的频谱图形，不致重叠。为了减少放大电路可能引起的失真，信号的频宽($2f_m$)相对中心频率(载波频率 f_0)越小越好。调幅以后，原信号 $x(t)$ 中所包含的全部信息均转移到以 f_0 为中心，宽度为 $2f_m$ 的频带范围之内，即将原信号从低频区推移至高频区。因为信号中不包含直流分量，可以用中心频率为 f_0，通频带宽是 $\pm f_m$ 的窄带交流放大器放大，然后，再通过解调从放大的调制波中取出原信号。所以，调幅过程相当于频谱“搬移”过程。

综上所述：幅值调制的过程在时域上是调制信号与载波信号相乘的运算；在频域上是调制信号频谱与载波信号频谱卷积的运算，是一个频移的过程。这就是幅值调制得到广泛应用的最重要的理论依据。

为了从调幅波中将原测量信号恢复出来，就必须对调制信号进行解调。常用的解调方法有同步解调、整流检波解调和相敏检波解调。同步解调是对已调制波与原载波信号再做一次乘法运算，即

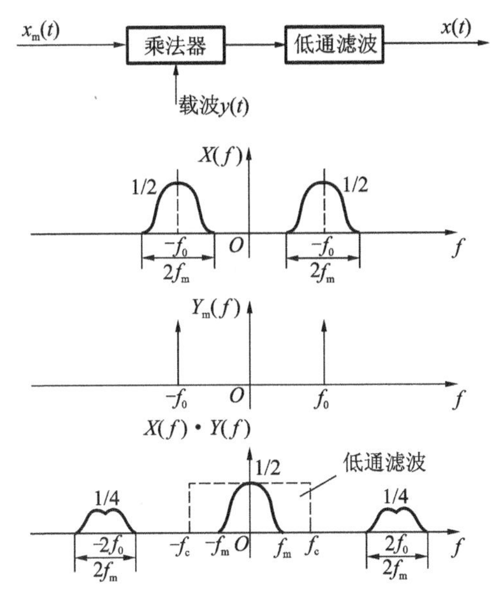

图 3-5-3 同步解调示意图

$$x(t)\cdot\cos 2\pi f_0 t\cdot\cos 2\pi f_0 t=\frac{1}{2}x(t)+\frac{1}{2}x(t)\cos 2\pi 2 f_0 t$$

$$\begin{aligned}F[x(t)\cos 2\pi f_0 t\cos 2\pi f_0 t]&=F\left[\frac{1}{2}x(t)+\frac{1}{2}x(t)\cos 2\pi f_0 t\right]\\&=\frac{1}{2}\left\{X(f)+X(f)*\left[\frac{1}{2}\delta(f-f_0)+\frac{1}{2}\delta(f+f_0)\right]\right\}\\&=\frac{1}{2}X(f)+\frac{1}{4}X(f-f_0)+\frac{1}{4}X(f+f_0)\end{aligned}$$

同步解调信号的频域图形将再一次进行搬移，即将以坐标原点为中心的已调制波频谱搬移到 f_0 处。由于载波频谱与原来调制时的载波频谱相同，第二次搬移后的频谱有一部分搬移到原点处，所以同步解调后的频谱包含两部分，即与原调制信号相同的频谱和附加的高频频谱。与原调制信号相同的频谱是恢复原信号波形所需要的，附加的高频频谱则是不需要的。当用低通滤波器滤去大于 f_m 的成分时，则可以复现原信号的频谱，也就是说在时域恢复原波形。图中高于低通滤波器截止频率 f_0 的频率成分将被滤去。所以，在同步解调时，所乘的信号与调制时的载波信号具有相同的频率和相位。

2. 信号调频与解调基本原理

调频就是利用信号电压的幅值控制一个振荡器产生的信号频率。振荡器输出的是等幅波，其振荡频率变化值和信号电压成正比。所以调频波是随时间变化的疏密不等的等幅波，如图 3-5-4 所示。

调频波的瞬时频率为

$$f(t)=f_0\pm\Delta f$$

式中：f_0 为载波频率；Δf 为频率偏移，与调制信号的幅值成正比。

设调制信号 $x(t)$ 是幅值为 X_0、频率为 f_m 的正弦波，其初始相位为零，则有

$$x(t)=X_0\cos 2\pi f_m t$$

载波信号为

$$y(t)=Y_0\cos(2\pi f_0 t+\varphi_0)$$

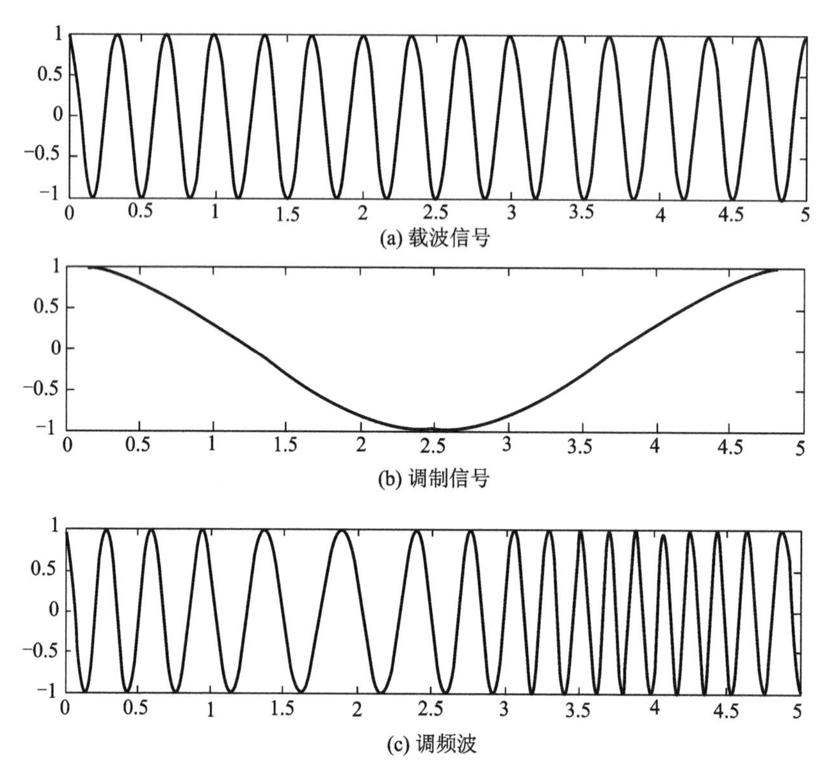

图 3-5-4 调频过程示意图

调频时载波的幅值 Y_0 和初相位 φ_0 不变，瞬时频率 $f(t)$ 围绕着 f_0 随调制信号电压作线性的变化，因此：

$$f(t)=f_0+K_f X_0 \cos 2\pi f_m t=f_0+\Delta f_f \cos 2\pi f_m t \tag{3-5-5}$$

式中：Δf_f 是由调制信号幅值 X_0 决定的频率偏移，$\Delta f_f=K_f X_0$；K_f 为比例常数，其大小由具体的调频电路决定。

由以上分析可知，频率偏移与调制信号的幅值成正比，而与调制信号的频率无关，这是调频波的基本特征之一。

为了从调频波中将原测量信号恢复出来，就必须对调制信号进行解调。谐振电路调频波的解调一般使用鉴频器。调频波通过正弦波频率的变化来反映被测信号的幅值变化，因此，调频波的解调首先是把调频波变换成调频调幅波，然后进行幅值检波。

四、实验内容和步骤

1. 调幅解调器实验

本实验前面板如图 3-5-5 所示。实验内容是根据信号调幅原理，用调制信号对载波信号进行调幅，通过波形图控件显示载波波形、调制信号波形、调制波形和解调波形，观察各个波形，比较调制波和解调波的波形，理解滤波器在信号解调中的用途。本实验中波形数据需要通过捆绑数据成簇的方法实现，方法是调用函数选板→编程→簇、类与变体→捆绑 vi 子程序，该 vi 子程序使用方法如图 3-5-6 所示，其中元素可以是单个实数、数组等。本实验在进行信号解调时会用到低通滤波器，其通过函数选板→信号处理→滤波器调用。

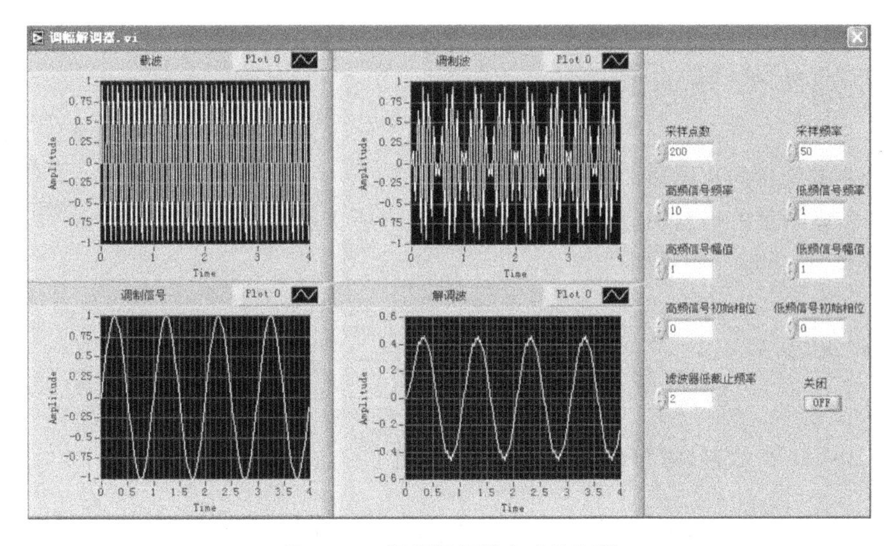

图 3-5-5 调幅解调器实验前面板

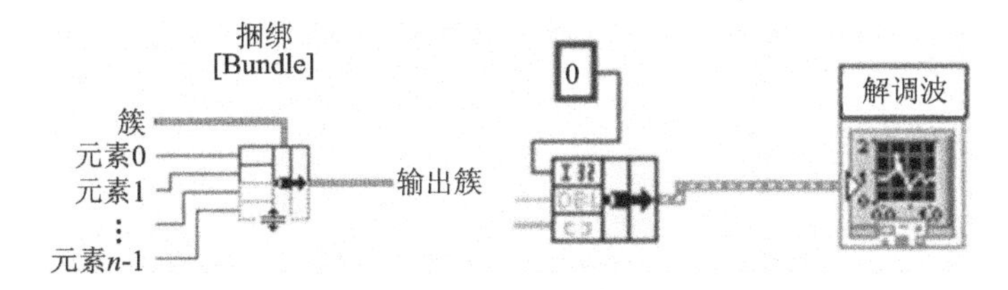

图 3-5-6 簇捆绑使用示例

2. 调频解调器实验

本实验前面板如图 3-5-7 所示。实验内容是根据信号调频原理，用调制信号对载波信号进行调频，通过波形图控件显示载波波形、调制信号波形、调制波形和解调波形，观察各个波形，比较调制波和解调波的波形，理解滤波器在信号解调中的用途。本实验在进行信号解调时也会用到低通滤波器，其可通过函数选板→信号处理→滤波器调用。

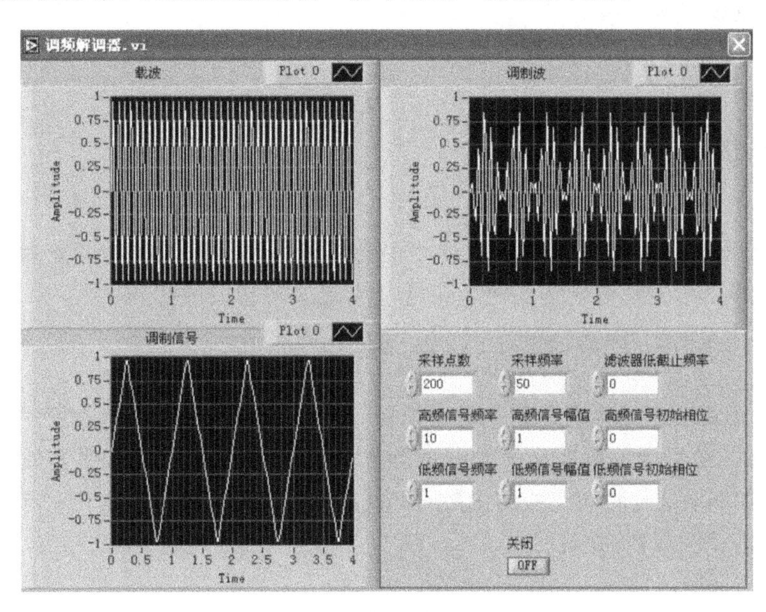

图 3-5-7 调频解调器实验前面板

五、实验报告要求

(1) 简述实验目的和原理;
(2) 按实验原理的编制相应 LabVIEW 程序并分析实验结果;
(3) 提交相应的 LabVIEW 程序。

六、思考题

基于 LabVIEW 软件,编写计算机软件调频程序。

实验六 信号相关分析实验

一、实验目的

(1) 在理论学习的基础上,通过本实验加深对相关分析概念、性质、作用的理解;
(2) 掌握用相关分析法测量信号周期成分的方法。

二、实验设备

(1) 计算机 1 台;
(2) LabVIEW 软件 1 套;
(3) 打印机 1 台。

三、实验原理

在信号处理中经常要研究两个信号的相似性。相关是指客观事物变化量之间的相依关系,在统计学中是用相关系数来描述两个变量 x、y 之间的相关性的,即

$$\rho_{xy}=\frac{c_{xy}}{\sigma_x\sigma_y}=\frac{E[(x-\mu_x)(y-\mu_y)]}{\{E[(x-\mu_x)^2]E[(y-\mu_y)^2]\}^{\frac{1}{2}}} \tag{3-6-1}$$

式中:ρ_{xy}是两个随机变量波动量之积的数学期望,称为协方差或相关性,表征了 x 和 y 之间的关联程度;σ_x 和 σ_y 分别为随机变量 x 和 y 的均方差,是随机变量波动量平方的数学期望。

若随机变量 x、y 是与时间有关的函数,即 $x(t)$ 与 $y(t)$,这时可以引入一个与时间 τ 有关的量 $\rho_{xy}(\tau)$,称为相关系数,并有

$$\rho_{xy}(\tau)=\frac{\int_{-\infty}^{+\infty}x(t)y(t-\tau)\mathrm{d}t}{\left[\int_{-\infty}^{+\infty}x^{2}(t)\mathrm{d}t\int_{-\infty}^{+\infty}y^{2}(t)\mathrm{d}t\right]^{\frac{1}{2}}} \tag{3-6-2}$$

式中：$x(t)$和 $y(t)$是假定不含直流分量的能量信号，亦即不包含信号均值为零的分量的能量信号。分母部分是一个常量，分子部分是 τ 的函数，反映了两个信号在时移中的相关性，称为相关函数。因此相关函数定义为

$$R_{yx}(\tau)=\int_{-\infty}^{+\infty}y(t)x(t-\tau)\mathrm{d}t \text{ 或 } R_{xy}(\tau)=\int_{-\infty}^{+\infty}x(t)y(t-\tau)\mathrm{d}t \tag{3-6-3}$$

如果 $x(t)=y(t)$，则称 $R_x(\tau)=R_{xy}(\tau)$为自相关函数，即

$$R_x(\tau)=\int_{-\infty}^{+\infty}x(t)x(t-\tau)\mathrm{d}t \tag{3-6-4}$$

若 $x(t)$与 $y(t)$为功率信号，则其相关函数为

$$R_x(\tau)=\lim_{T\to\infty}\frac{1}{T}\int_{-\frac{T}{2}}^{\frac{T}{2}}x(t)x(t-\tau)\mathrm{d}t \tag{3-6-5}$$

实际运用时，可令 $x(t)$、$y(t)$两个信号之间产生时差 τ，再相乘和积分，就可以得到 τ 时刻两个信号的相关性。连续变化参数 τ，就可以得到 $x(t)$、$y(t)$的相关函数曲线。

四、实验内容和步骤

1. 典型信号自相关实验

图 3-6-1 所示为典型信号自相关实验前面板，示例程序如图 3-6-2 所示。实验内容是在信号发生与分析实验的基础上，对典型信号进行自相关分析，并将结果输出到波形图控件中显示。实验中若需要修正相关函数，则可以编写相关函数修正子程序。最后，实验要求通过改变信号类型和一系列参数、幅数，如频率值、初始相位、直流偏置、方波占空比等，观察信号自相关函数的波形曲线。实验所用的主要 vi 子程序可通过函数选板→信号处理→谱分析，函数选板→信号处理→波形生成和函数选板→信号处理→信号运算调用。

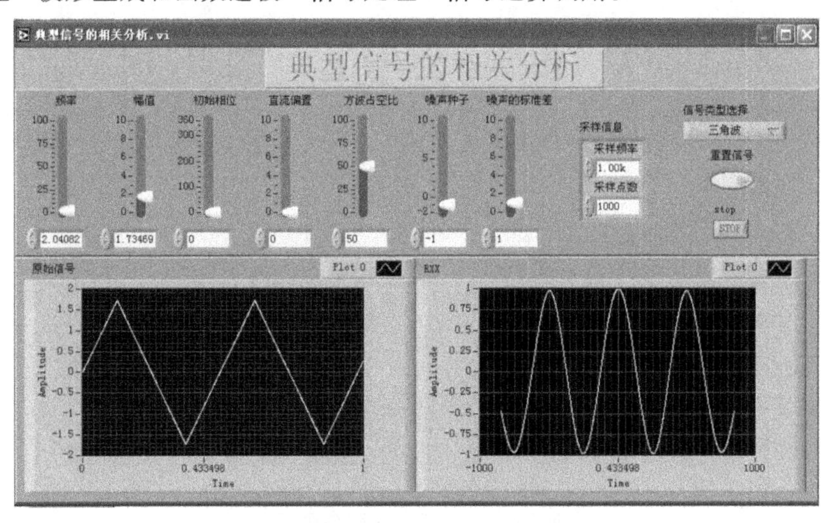

图 3-6-1 典型信号自相关实验前面板

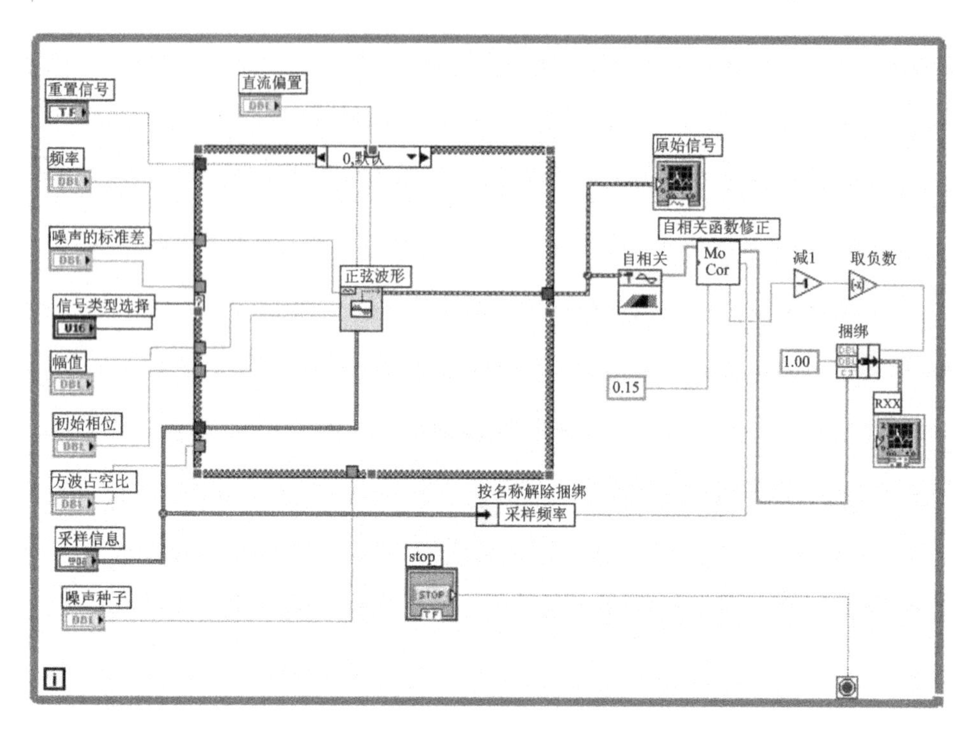

图 3-6-2 典型信号自相关分析实验示例程序

2. 互相关分析实验

图 3-6-3 所示为典型信号互相关实验前面板。实验内容是利用信号生成 vi 子程序从而生成两个信号，然后对这两个信号进行互相关分析，并将结果输出到波形图控件中显示。实验中

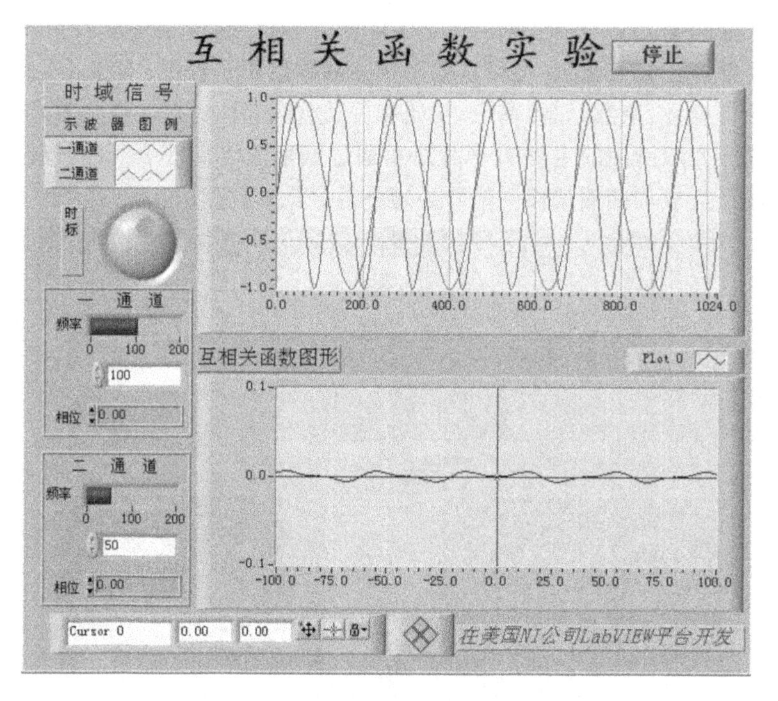

图 3-6-3 互相关实验前面板

若需要修正相关函数，则可以编写相关函数修正子程序（见图 3-6-4）。实验所用的主要 vi 子程序可通过函数选板→信号处理→信号生成，函数选板→编程→数组和函数选板→信号处理→信号运算调用。最后，实验要求通过设置双通道中信号的频率和相位，观察其互相关函数的波形曲线。

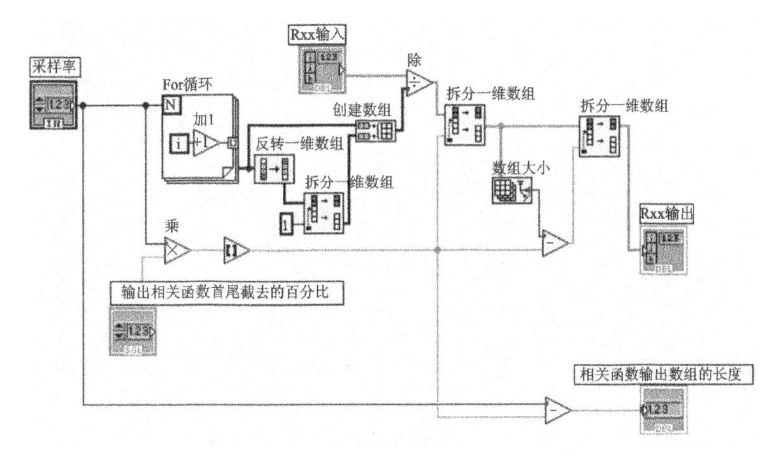

图 3-6-4 自相关函数修正 vi 子程序

3. 卷积与相关分析实验

图 3-6-5 所示为卷积与相关分析实验前面板。实验内容是利用基本函数发生器生成，对这两个信号进行卷积、反卷积、互相关分析和单个信号的自相关分析，并将结果输出到波形图控件中显示。实验中若需要修正相关函数，则可以编写相关函数修正子程序。另外实验要求前面板能够动态选择基本信号的类型，能够动态改变 x 信号、y 信号的类型、频率、幅值、初始相位、占空比等参数，并能够动态选择分析方法（包括卷积、反卷积、相关、互相关等），最后观测其不同的结果曲线。实验所用的主要 vi 子程序可通过函数选板→信号处理→波形生成，函数选板→编程→数组和函数选板→信号处理→信号运算调用。

4. 相关法测量信号相位差实验

图 3-6-6 所示是相关法测量信号相位差实验前面板，示例程序如图 3-6-7 所示。实验内容是利用相关法测量信号相位差。实验所用的主要 vi 子程序可通过函数选板→信号处理→信号生成，函数选板→编程→数组和函数选板→信号处理→信号运算调用。

5. 相关法测量信号周期差实验

图 3-6-8 所示是相关法测量信号周期差实验前面板。实验内容是利用相关法测量信号周期差。实验所用的主要 vi 子程序可通过函数选板→信号处理→信号生成，函数选板→编程→数组和函数选板→信号处理→信号运算调用。

五、实验报告要求

(1) 简述实验目的和原理；

(2) 按实验原理编制相应 LabVIEW 程序并分析实验结果；

(3) 提交相应的 LabVIEW 程序。

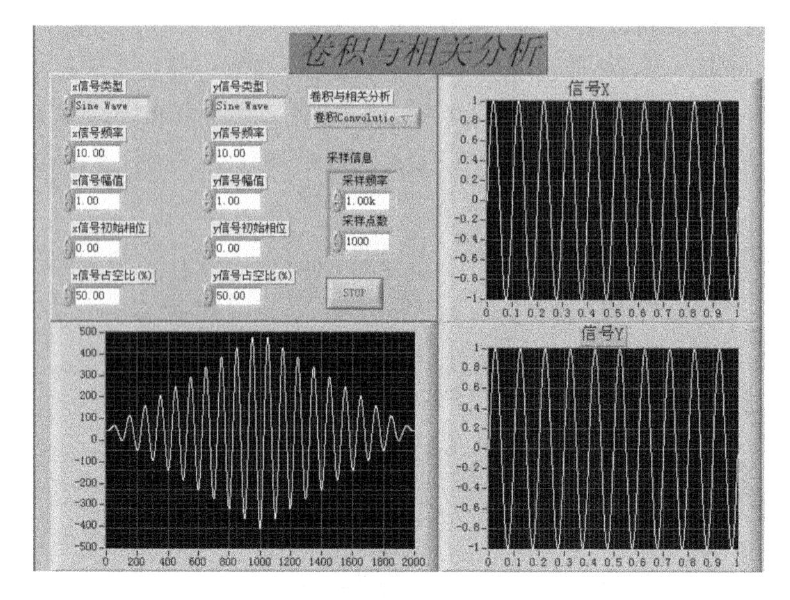

图 3-6-5 卷积与相关分析实验前面板

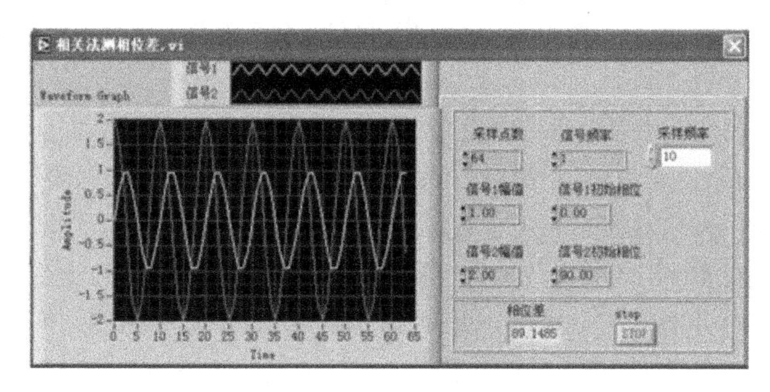

图 3-6-6 相关法测量信号相位差实验前面板

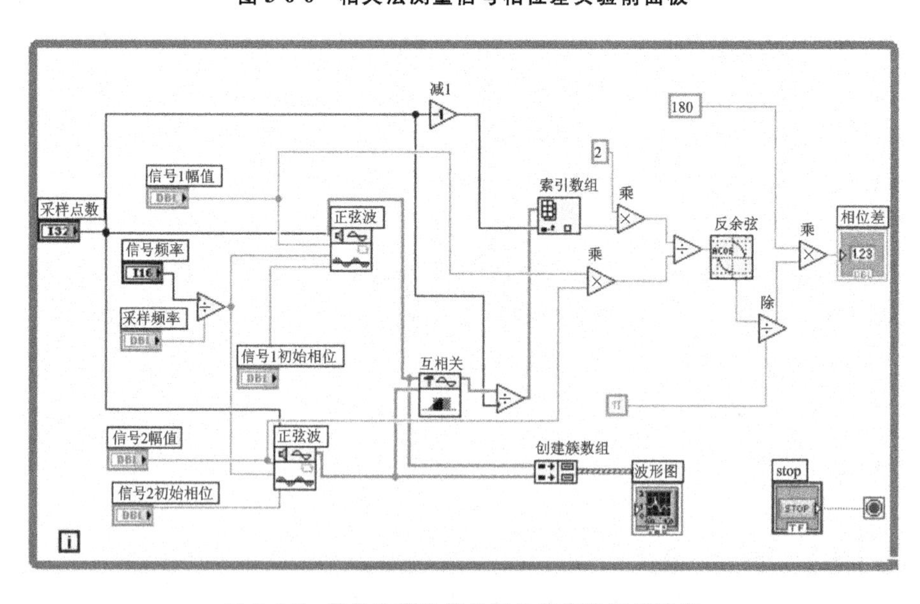

图 3-6-7 相关法测量信号相位差实验示例程序

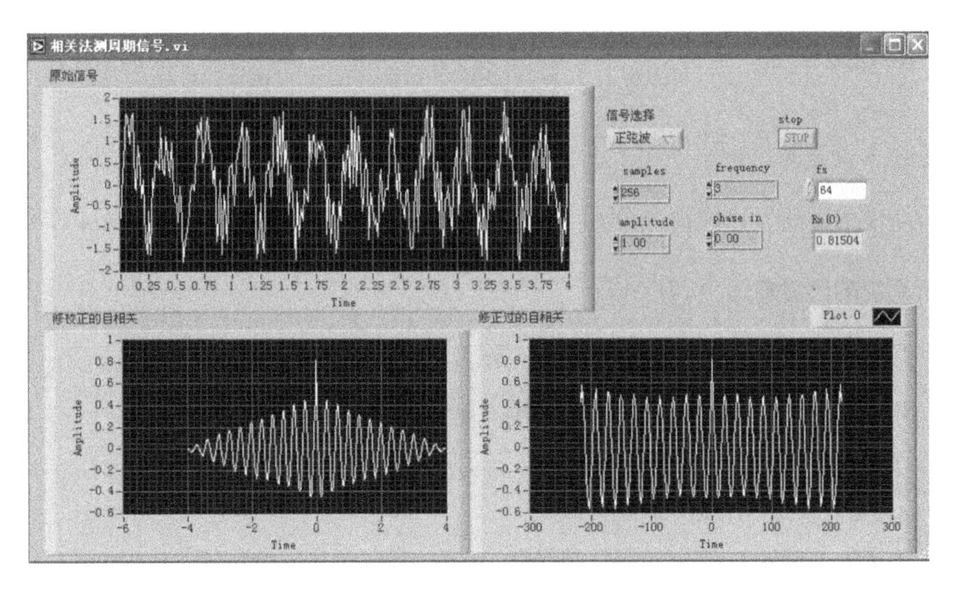

图 3-6-8 相关法测量信号周期差实验前面板

六、思考题

基于 LabVIEW 软件，编写典型信号互相关分析程序。

实验七 信号时域响应分析实验

一、实验目的

(1) 掌握一阶系统的时域特性，理解时间常数 T 对系统性能的影响；

(2) 掌握二阶系统的时域特性，理解二阶系统的两个重要参数 ξ 和 ω_n 对系统动态特性的影响，并用固高球杆系统进行验证；

(3) 理解二阶系统的性能指标，掌握它们与系统特征参数 ξ、ω_n 之间的关系。

二、实验设备

(1) 计算机 1 台；
(2) LabVIEW 软件 1 套；
(3) MATLAB 软件 1 套；
(4) 打印机 1 台。

三、实验原理

1. 一阶系统的时域分析

一阶系统的闭环传递函数为 $\Phi(s)=\frac{C(s)}{R(s)}=\frac{1}{Ts+1}$，系统的输入信号为 $r(t)$，则零初始条件下一阶系统的时域输出为 $c(t)=L^{-1}[\frac{1}{Ts+1}R(s)]$。

(1) 当 $r(t)=1$ 时，系统的响应过程 $c(t)$ 称为单位阶跃响应，$c(t)=1-\mathrm{e}^{-\frac{t}{T}}$；

(2) 当 $r(t)=\delta(t)$ 时，一阶系统的脉冲响应是一单调下降的指数曲线，$c(t)=\frac{1}{T}\mathrm{e}^{-\frac{t}{T}}$；

(3) 当 $r(t)=t$ 时，一阶系统在跟踪单位斜坡输入时有跟踪误差，且 $t\rightarrow\infty$，$e(\infty)\rightarrow T$，$c(t)=t-T(1-\mathrm{e}^{-\frac{t}{T}})$。

2. 二阶系统的时域分析

二阶系统的闭环传递函数为 $\frac{C(s)}{R(s)}=\frac{\omega_n^2}{s^2+2\xi\omega_n s+\omega_n^2}$，$\xi$ 为阻尼比，ω_n 为无阻尼自振频率。

1) 二阶系统的单位阶跃响应

当系统的输入信号为 $r(t)=1(t)$，则零初始条件下二阶系统的拉氏变换式为 $C(s)=\frac{\omega_n^2}{s^2+2\xi\omega_n s+\omega_n^2}\cdot\frac{1}{s}$。

2) 性能指标

延迟时间 t_d：输出响应第一次达到稳态值的 50%所需的时间。

上升时间 t_r：输出响应第一次达到稳态值 $y(\infty)$ 所需的时间，$t_r=\frac{\pi-\theta}{\omega_d}$。

峰值时间 t_p：输出响应超过稳态值，达到第一个峰值 y_{max} 所需要的时间，$t_p=\frac{\pi}{\omega_d}$。

最大超调量（简称超调量）M_p 或 $\delta\%$：$M_p=\frac{y(t_p)-y(\infty)}{y(\infty)}=\mathrm{e}^{-\frac{\xi\pi}{\sqrt{1-\xi^2}}}\times100\%$。

调节时间或过渡过程时间 t_s：当 $y(t)$ 和 $y(\infty)$ 之间的误差在规定的范围之内，比如 0.02～0.05，且以后不再超出此范围的最小时间。即当 $t\geqslant t_s$ 时，有 $|y(t)-y(\infty)|\leqslant\Delta\%\times y(\infty)$，$\Delta=2$ 或 3。

振荡次数 N：在调整时间内，响应过程 $y(t)$ 穿越其稳态值 $y(\infty)$ 次数的一半定义为振荡次数 N，$N=\frac{t_s}{T_d}$，其中 $T_d=\frac{2\pi}{\omega_d}$ 为阻尼振荡周期。

在上述几种性能指标中，t_p、t_r、t_s 表示瞬态过程进行的快慢，是快速性指标；而 M_p、N 反映瞬态过程的振荡程度，是振荡性指标。

四、实验要求

(1) 了解典型输入信号，理解时间响应的概念，理解掌握时间响应分析和性能指标的计算。

(2) 对于一阶惯性环节 $G(s)=\frac{1}{Ts+1}$：

①重点掌握当输入信号为单位阶跃信号时，对应的响应曲线特点；掌握当系统参数 T 改变时，对应的响应曲线变化特点，以及对系统的性能的影响。

②了解当输入信号分别改为单位脉冲信号、单位速度信号时，响应曲线的变化情况及特点。

③通过对实验结果的观察、分析和比较，总结对于同一个系统，不同输入信号对系统的性能的影响。

(3) 对于二阶系统 $G(s)=\frac{\omega_n^2}{s^2+2\xi\omega_n s+\omega_n^2}$：

①了解输入信号为单位阶跃信号时，对应的响应曲线的特点及系统参数 ξ、ω_n 改变时（分别取 $\xi=0$、$\xi=1$、$\xi>1$、$0<\xi<1$），对应的响应曲线的变化特点及对系统性能的影响。

②重点掌握欠阻尼二阶系统的单位阶跃响应曲线，包括：系统参数 ξ、ω_n 改变时，系统的性能指标的变化情况；掌握系统性能指标有哪些，各表示系统哪些方面的特性。

③了解当输入信号改为单位脉冲、单位速度信号时，响应曲线的变化情况。

④通过对实验结果的观察、分析和比较，总结对于同一个系统，不同输入信号对系统的性能的影响。

(4) 将实验结果与理论分析的结果进行比较，验证理论的正确性。

五、实验内容和步骤

通过 LabVIEW 程序时域分析模块前面板（见图 3-7-1）设定输入参数（包括比例增益、时间常数、固有频率、阻尼比），并把这些参数作为 MATLAB Script 节点的输出端，在 MATLAB Script 节点中调用 MATLAB 程序，来完成本程序的功能（包括求一阶系统的脉冲响应、阶跃响应、斜坡响应，求二阶系统的脉冲响应、阶跃响应、斜坡响应）。

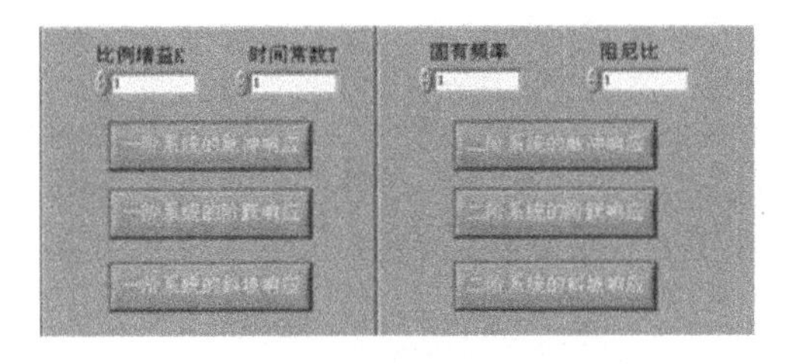

图 3-7-1　时域分析模块前面板

输入比例增益、时间常数、固有频率、阻尼比等参数，观测各阶系统相应的响应曲线并分析实验结果。

六、实验报告要求

(1) 简述实验目的和原理；

（2）按实验原理编制 LabVIEW 程序，运行获取相应的曲线图，并分析实验结果；

（3）提交相应的 LabVIEW 程序。

七、思考题

基于 MATLAB 软件，任选一种分析方法，编写二阶系统时域响应分析子程序。

实验八　信号频域响应分析实验

一、实验目的

（1）加深理解频率特性的概念，掌握系统频率特性的测试原理及方法；

（2）掌握频率特性的 Nyquist 图和 Bode 图的组成原理，熟悉典型环节的 Nyquist 图和 Bode 图的特点及其绘制方法，了解一般系统的 Nyquist 图和 Bode 图的特点及其绘制方法。

二、实验设备

（1）计算机 1 台；

（2）LabVIEW 软件 1 套；

（3）MATLAB 软件 1 套；

（4）打印机 1 台。

三、实验原理

频率响应：线性控制系统对正弦输入的稳态响应。也就是说对于这种系统所给的参考输入信号，只限于正弦函数，而其输出是考虑稳定状态，即当时间 $t\to\infty$时的情况。

（1）频率特性：记为 $G(\mathrm{j}\omega)=\dfrac{Y(\mathrm{j}\omega)}{R(\mathrm{j}\omega)}=|G(\mathrm{j}\omega)|\mathrm{e}^{\mathrm{j}\angle G(\mathrm{j}\omega)}$。

（2）幅频特性：正弦输出对正弦输入的幅值比，记为 $|G(\mathrm{j}\omega)|=\left|\dfrac{Y(\mathrm{j}\omega)}{R(\mathrm{j}\omega)}\right|$。

（3）相频特性：正弦输出对正弦输入的相移 $\angle G(\mathrm{j}\omega)=\angle\dfrac{Y(\mathrm{j}\omega)}{R(\mathrm{j}\omega)}$。

（4）对数频率特性：对数坐标图，又称 Bode 图，它由对数幅频特性图和对数相频特性图组成。对数幅频特性图纵坐标标度为 $20\lg|G(\mathrm{j}\omega)|$，其中对数以 10 为底均匀分度，采用单位是分贝（dB）；横坐标标度为 $\lg\omega$，以对数分度绘制，标以 ω，采用单位是弧度/秒（rad/s）。对数相频特性图纵坐标为角度，均匀分度，采用单位为度（°），横坐标与对数坐标图完全相同。对数相

频特性图放在对数坐标图之下，同时使横坐标的 ω 上下一一对应，以便对比分析。

(5) 极坐标频率特性曲线(又称 Nyquist 曲线)：它是在复平面上用一条曲线表示 ω 由 $0\to\infty$ 时的频率特性，即用矢量 $G(j\omega)$ 的端点轨迹形成的图形。ω 是参变量。在曲线上的任意一点可以确定实频、虚频、幅频和相频特性。

四、实验要求

(1) 正确理解频率特性的概念，熟悉典型环节的频率特性。

(2) 分析开环系统的频率特性，并绘制其开环 Nyquist 图和 Bode 图，求取剪切频率 ω_c，将实验结果与理论分析计算结果进行比较，验证理论的正确性。

(3) 分析单位反馈系统的频率特性，并绘制其 Nyquist 图和 Bode 图，求取谐振频率 ω_r、谐振峰值 M_r，将实验结果与理论分析计算结果进行比较，验证理论的正确性。

(4) 了解闭环频率特性与时域性能之间的关系。掌握开环增益 K 变化对频率特性的影响，以及对 Bode 图的幅频、相频的影响。

(5) 对系统的频率特性进行实验验证，掌握系统频率特性的测试原理及方法。

(6) 实验数据、图形曲线、性能指标打印出来。

五、实验内容与步骤

频域分析实验前面板如图 3-8-1 所示。利用 LabVIEW 编制如图 3-8-1 所示的程序面板，通过设置分子分母多项式模型和零极点增益模型的各项参数，选择分析方法后，实验平台会自动弹出分析曲线，观测实验结果与理论分析值的异同。

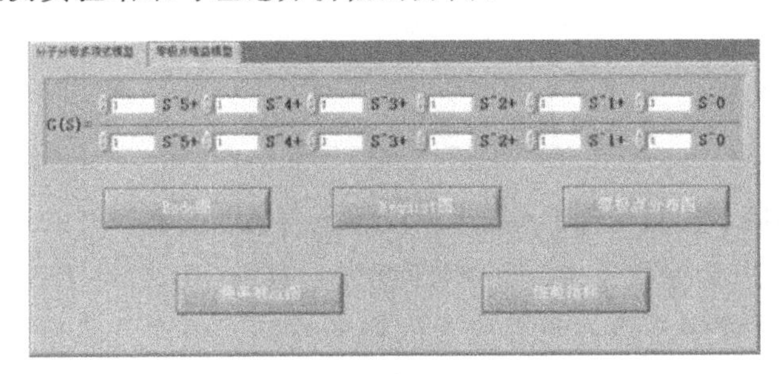

图 3-8-1 频域分析模块前面板菜单选项

六、实验报告要求

(1) 简述实验目的和原理；

(2) 按实验原理编制 LabVIEW 程序，运行获取相应的曲线图，并分析实验结果；

(3) 提交相应的 LabVIEW 程序。

七、思考题

基于 MATLAB 软件，任选一种分析方法，编写二阶系统频域响应分析子程序。

实验九　串口数据采集实验

一、实验目的

(1) 掌握运用 VISA 通信的基本方法；
(2) 掌握数据采集的基本方法；
(3) 掌握使用 LabVIEW 进行串行通信的方法。

二、实验设备

(1) 计算机 1 台；
(2) LabVIEW 软件 1 套；
(3) MATLAB 软件 1 套；
(4) 带温度传感器的单片机实验板 1 张；
(5) 打印机 1 台。

三、实验原理

在 LabVIEW 环境下控制各种 DAQ 卡完成特定的功能都离不开 DAQ 驱动程序支持，NI 公司对其全部 DAQ 产品提供了专门的驱动程序。目前，用 LabVIEW 开发基于 NI 公司 DAQ 产品的数据采集软件已经得到了成功的商业应用。但在许多情况下，用户基于 LabVIEW 开发的虚拟仪器不一定使用 NI 公司的数据采集卡，而是使用第三方的 DAQ 卡，这样一方面节约了硬件开支，另一方面又可以利用 LabVIEW 的强大数据分析能力。

VISA 是 VPP(VXI Plug & Play)联盟制定的新一代仪器 I/O 标准。作为通用 I/O 标准，VISA 具有与仪器硬件接口和具体计算机无关的特性，即 VISA 是面向器件功能，而不是面向接口总线的。使用它控制 VXI、GPIB、RS232 等仪器时，不必考虑接口总线类型。

由于 VISA 结构考虑到多种仪器类型与网络机制的兼容性，因此，以 VISA 接口软件为基础的虚拟仪器系统，不仅可以与过去已有的仪器系统(GPIB 仪器系统以及 RS232 仪器系统)结合，也完全可以将仪器系统从过去的集中式结构过渡到分布式系统结构。VISA 的兼容性和互操作性，既保证了新一代仪器完全可以加入到虚拟仪器系统中去，同时也保证了仪器系统的投资者不会因新仪器的出现而将过去的系统抛弃。系统组建时，不再局限于某家特殊的软件和硬件产品，用户根据需要在产品品种间作出最佳选择，增强系统的兼容性和稳定性，保证系统的同一性。

本实验中单片机采用串口与PC通信，使用的是VISA子模板中串行端口子模板。LabVIEW的串口通信VI位于Instrument I/O Platte的Serial中，其分类及其功能如表3-9-1所示。

表3-9-1 VI的分类及其功能

VI名称	VI功能
VISA Configure Serial Port	初始化VISA resource name指定的串口通信参数
VISA Write	将输出缓冲区中的数据发送到VISA resource name指定的串口
VISA Read	将VISA resource name指定的串口接收缓冲区中的数据读取指定字节数的数据到计算机内存中
VISA Serial Break	向VISA resource name指定的串口发送一个暂停信号
VISA Bytes at Serial Port	查询VISA resource name指定的串口接收缓冲区中的数据字节数
VISA Close	结束与VISA resource name指定的串口资源之间的会话
VISA Set I/O Buffer Size	设置VISA resource name指定的串口的输入输出缓冲区大小
VISA Flush I/O Buffer	清空VISA resource name指定的串口的输入输出缓冲区

四、实验内容

设计一个单片机与LabVIEW接口的数据采集系统，LabVIEW程序通过RS232或者RS485访问并控制单片机实验板对温度传感器进行数据采集，并用LabVIEW对采集到的数据进行处理和显示。

五、实验方法

(1) 在前面板上放置Waveform Graph，建立类似图3-9-1所示流程框图。

(2) 从All Functions→Instruments I/O→Serial，选取VISA Configure Serial Port，VISA Read，拖入框图程序，并根据信号和程序流程连接数据线，串口I/O模块所在位置如图3-9-2所示。

(3) 将已编译好的数据采集代码下载入单片机实验板，这一步亦可以根据需要自行编写数据采集代码。

(4) 运行程序，结果如图3-9-3所示。

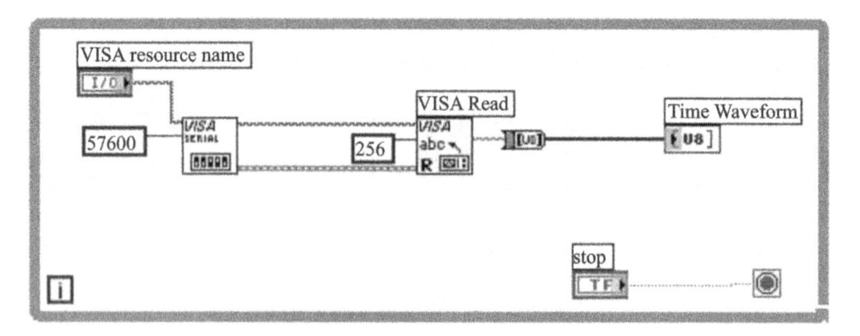

图 3-9-1 串口实验示例程序框图

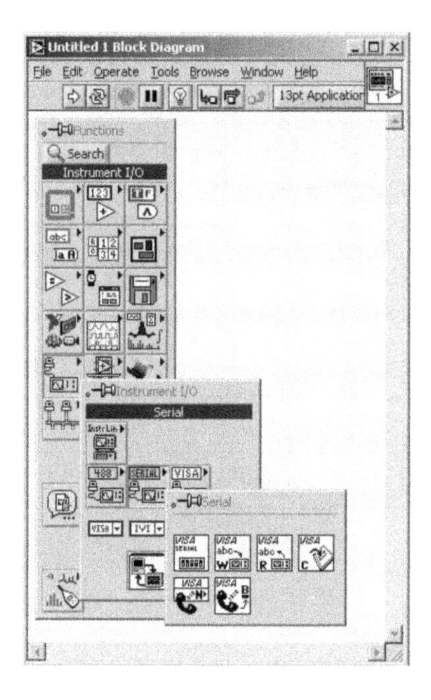

图 3-9-2 LabVIEW 的串口通信 VI 模块位置示例

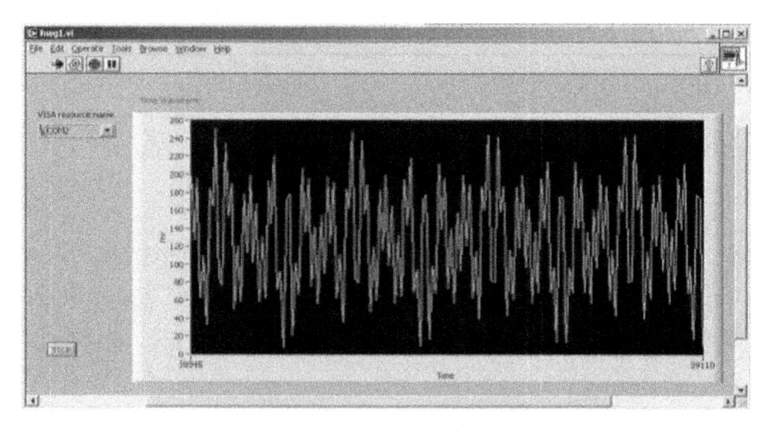

图 3-9-3 运行结果示例

六、实验报告要求

(1) 简述实验步骤、流程图、运行结果的前面板图；
(2) 记录实验感想、实验心得体会。

七、思考题

(1) LabVIEW 的串口通信 VI 中还有许多函数，试把它们中的一部分加入到流程框图中，并对比实验结果；
(2) 加入幅值频谱分析的内容。

实验十 声卡数据采集实验

一、实验目的

(1) 学习用声卡作为数据采集装置的 LabVIEW 编程方法；
(2) 从设计中深入理解虚拟仪器的组成，理解数据采集、数据分析的重要性，用 LabVIEW 实现测试系统的优点。

二、实验设备

(1) 计算机 1 台；
(2) LabVIEW 软件 1 套；
(3) MATLAB 软件 1 套；
(4) 带温度传感器的单片机实验板 1 张；
(5) 打印机 1 台。

三、实验原理

声卡是计算机中很常见的一个组件，是多媒体的标准配置。目前市场上的一般声卡按照其位数可以分成 8 位和 16 位。8 位声卡把音频信号的大小(音量)分成 256 个等级(0～255)。16 位声卡把音频信号的大小分成为 65536 个等级(0～65535)。位数的每一等级对应一个相应的二进制数。在声音录入(采样)时，按其音量大小给定一个二进制数，播放时按此二进制数实施还原。显然，在 LabVIEW 软件中，对于声卡的声道可以分为 mono 8-bit(单声道 8 位)、mono 16-bit(单声道 16 位)、stereo 8-bit(立体声 8 位)、stereo 16-bit(立体声 16 位)。其中，16

位声道比 8 位声道采样的信号质量好，立体声(stereo)比单声道(mono)采样信号好，采样的波形稳定，而且干扰小。另外，用单声道采样，左右声道信号都相同，而且每个声道的幅值只有原来幅值的 1/2；用立体声采样，左右声道信号互不干扰，可以采两路不同的信号，而且采样的信号幅值与原幅值相同。声卡的采样频率(rate)有 4 种选择，即 8000 Hz、11025 Hz、22050 Hz、44100 Hz，采样频率不同，采到波形的质量也不同，应该根据具体情况而采用合适的频率。

LabVIEW 中提供了一系列使用 Windows 底层函数编写的与声卡有关的函数。这些函数集中在图 3-10-1 所示的 Sound VI 下。由于使用 Windows 底层函数(不是更高级更方便的 MCI 函数以及 DirectX 接口)直接与声卡驱动程序打交道，因此封装层次低，速度快，而且可以访问、采集缓冲区中任意位置的数据，具有很大的灵活性，能够满足实时不间断采集的需要。

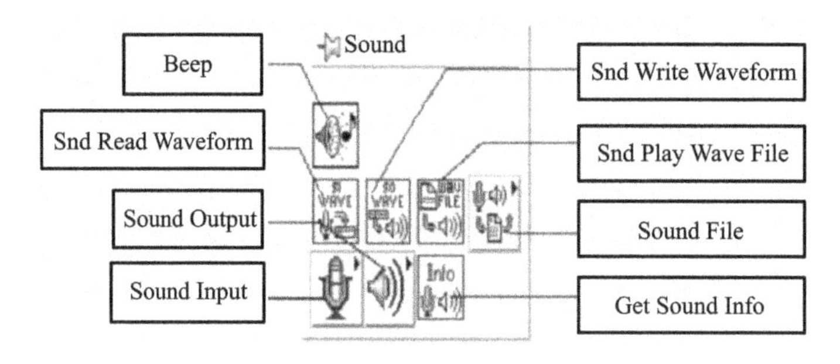

图 3-10-1 Sound VI

本节主要关心的是 Sound Output 和 Sound Input 这两个子模板。表 3-10-1 是 Sound Input 中提供的函数。

表 3-10-1 Sound Input **函数简介**

图标	函数名称	功能说明
SI CONFIG	SI Config	该函数的功能是设置声卡中与数据采集相关的一些硬件，如采样频率、数据格式、缓冲区长度。声卡的采样频率由内部时钟控制，只有 3～4 种固定频率可以选择，一般采样频率设置为 44100 Hz，数据格式设置为 16 位字长。缓冲区长度可取默认值
SI START	SI Start	该函数用于通知声卡开始采集外部数据。采集到的数据会被暂存在缓冲区中，这一过程无需程序干预，由声卡硬件使用 DMA 直接完成，保证了采集过程的连续性
SI READ	SI Read	该函数用于等待数据缓冲区满的消息。当产生这一消息时，它将数据缓冲区的内容读取到用户程序的数组中，产生一个采集数据集合。若计算机速度不够快，使得缓冲区内容被覆盖，则会产生一个错误信息。这时应调节缓冲区大小，在采样时间与读取数据之间找到一个理想的平台
SI STOP	SI Stop	该函数用于通知声卡停止采集外部数据。已采集而未被读出的数据会留在缓冲区中，可以使用 SI Read 函数一次完成
SI CLEAR	SI Clear	该函数用于完成最终的清理工作，例如关闭声卡的采样通道，释放请求的一系列系统资源(包括 DMA、缓冲区内存、声卡端口等)

由上面的介绍可以看出，使用 LabVIEW 构建基于声卡的虚拟仪器思路是相当清晰的。实际的数据采集流程如图 3-10-2 所示，这个流程与一般数据采集卡采集数据的流程并无多大差别。

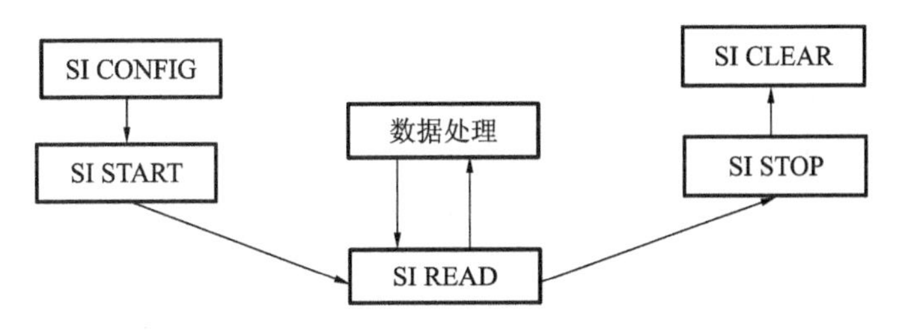

图 3-10-2　声卡数据采集的流程

声音的输出是声卡的主要功能。Sound Output 中提供的有关声音输出的函数比 Sound Input 的函数相对多一些，有 SO Clear、SO Stop、SO Config、SO Volume、SO Pause、SO Waite、SO Start、SO Write 和 SO Set Num Buffers。

四、实验内容

设计一个基于声卡的频谱分析仪，它可以采集从麦克风输入的声音，调节采样频率、数据缓冲区的大小等，可显示其波形，并对波形作幅值谱分析。

五、实验步骤

(1) 选择 File→New，打开一个新的前面板窗口。

(2) 从 All Control→Graph 中选择 2 个 Waveform Graph 放到前面板中。

(3) 在第一个 Waveform Graph 的标签文本框中输入“Time Waveform”。

(4) 在第二个 Waveform Graph 的标签文本框中输入“Spectrum”，然后在其属性对话框选择 Scales，将纵坐标的 Name 改为 Magnitude。

(5) 选择 Windows→Show Block Diagram 打开流程图窗口。从功能模块中选择对象，将它们放到流程图上，组成如图 3-10-3 所示程序框图。

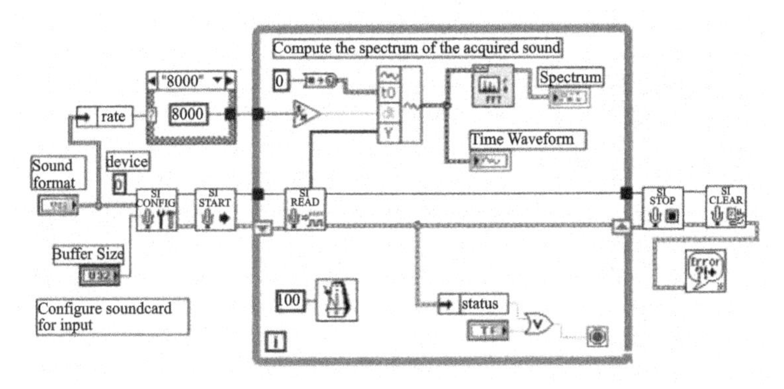

图 3-10-3　程序框图示例

该程序框图中新增加的控件有 While Loop、Case Structure、SI CONFIG、SI START、SI READ、SI Stop、SI Clear、Build Waveform、减法器等，Spectrum、Time Waveform 是由前面板的设置自动带出来的。

(6) 由 Functions→Numeric 中拖出。

(7) 从 Functions→Structure 中选择 While 循环、Case 结构，把它们放置在流程图中。将其拖至适当大小，再将相关对象移到循环圈内。

(8) 从 Functions → Graphics & Sound → Sound → Sound Input 中选择 SI CONFIG、SI START、SI READ、SI STOP、SI CLEAR，所在位置如图 3-10-4 所示，然后根据程序流程和数据流将各个模块连接起来。

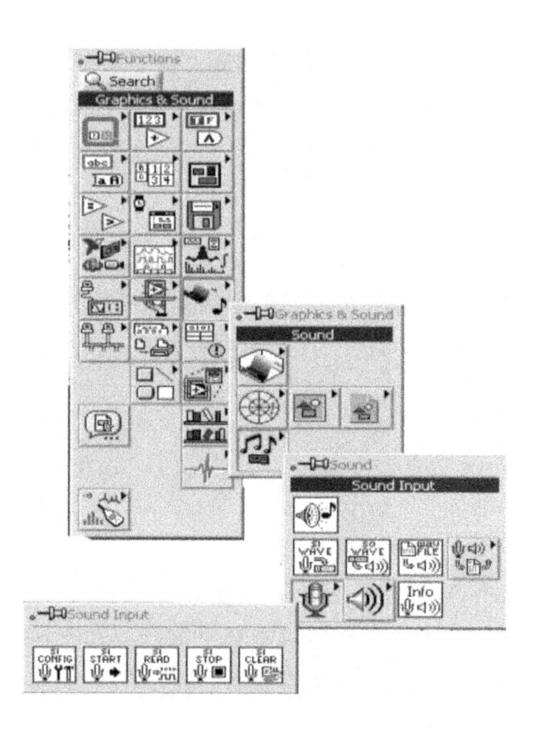

图 3-10-4 声音处理模块所在位置示例

(9) 从 Functions→Build Waveform 中选择 Build Waveform（t0、dt、Y）。

(10) 幅值谱分析（FFT）。从 Functions→Analyze→Waveform Measurements→FFT Spectrum(Mag—Phase). vi 拖出。

(11) 从由 Functions→Numeric→Conversion→To Time Stamps 拖出。

(12) status 可从 SI READ 的 error out，用 create 中导出一个 cluster（TF），选 TF 得到。

(13) rate 可从 Sound format 用 create 中导出一个 cluster（mono、22050、8 bit），选(22050)rate 得到。

(14) 用连线工具将各对象按流程图所示连接起来。

(15) 选择 File→Save as，把该 VI 保存为 SoundSpectrum，放在所需目录中，在前面板中，单击 Run(运行)按钮，运行该 VI。运行后，对麦克风轻轻哼一个小调，所得到的声音波形和其幅值谱显示如图 3-10-5 所示。

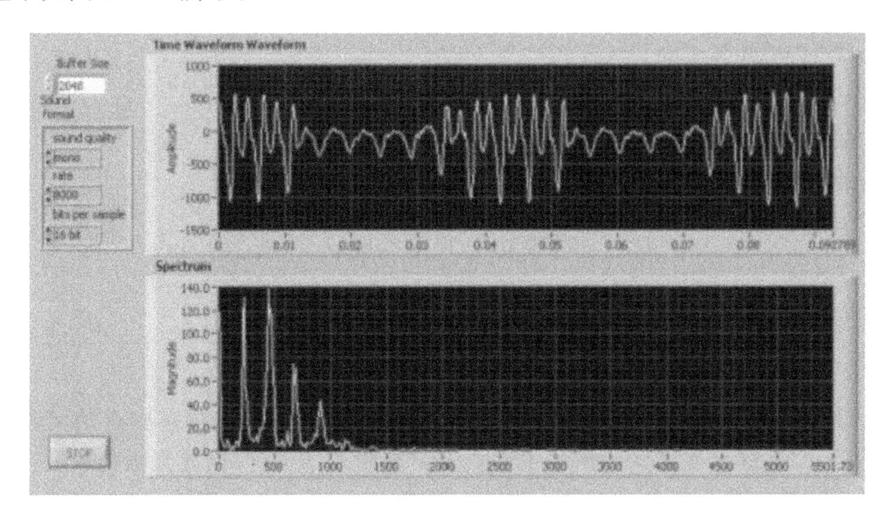

图 3-10-5　声音数据采集示例界面

六、实验报告要求

(1) 简述实验步骤、流程图、运行结果的前面板图；

(2) 记录实验感想和实验心得体会。

七、思考题

声卡能否采集从测量仪输出的信号？如果可以，请查阅资料并设计相关电路图；如果不行，请说明理由。

实验十一　光照度检测实验

一、实验目的

(1) 学习使用 LabVIEW 检测数据的基本方法；

(2) 掌握运用 VISA 通信的基本方法；

(3) 从设计中深入理解虚拟仪器的组成，理解数据采集、数据分析的重要性，用 LabVIEW 实现测试系统的优点。

二、实验设备

(1) 计算机1台;
(2) LabVIEW软件1套;
(3) MATLAB软件1套;
(4) 数据采集模块1个;
(5) 光敏电阻若干;
(6) 打印机1台。

三、实验原理

光在生活中无处不在,影响着人类的生活以及生产活动。如实验室中有的实验对光的强度有严格的要求,在某些工业化生产中也需要严格控制光的强度,因此光强的检测在生活中有着非常广泛的应用。我们由此设计了一套可以检测并显示光强的模型,可以实时感知光的强度,并记录数据,实现人机交互,方便实现光的自动化控制。

本实验将光敏电阻作为检测光强的传感器,光敏电阻的阻值会随着光强度的变化而变化,在光敏电阻两端的金属电极之间加上固定电压,便有电流通过,电阻受到适当波长的光线照射时,电流就会随光强的增加而变大,从而实现光电转换。

由于光电转换出来的是模拟电流信息,因此必须通过采集卡对电流量进行采集并传入计算机,才能对光照信息进行处理和统计等。数据采集过程采用通过LabVIEW里面的VISA接口程序库。实验电路设计比较简单,只需给光敏电阻加上5 V电压,然后将其直接连接到采集卡接口,最后VISA库读取模拟电流量。

四、实验内容

利用光敏电阻作为检测光强的传感器,通过光电转换方法将光照信息转为电流信息,并通过采集卡读入计算机,运用LabVIEW设计一个光照强度检测系统,显示光照强度信息,同时自定一个光照度阈值实现光照度异常报警功能,并将信息定时保存入EXCEL文件中。

五、实验步骤

(1) 创建报警子程序,示例程序框图如图3-11-1所示。
(2) 创建光照信息定时保存入EXCEL文件子程序,示例程序框图如图3-11-2所示。
(3) 创建光照数据信息采集和显示程序,亦即主程序,示例程序框图如图3-11-3所示。

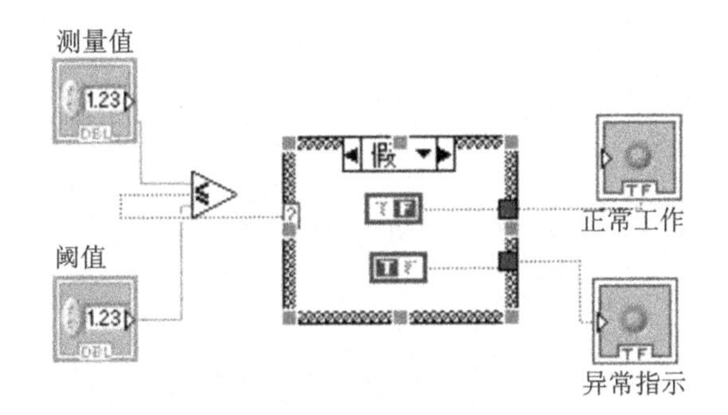

图 3-11-1　报警程序框图示例

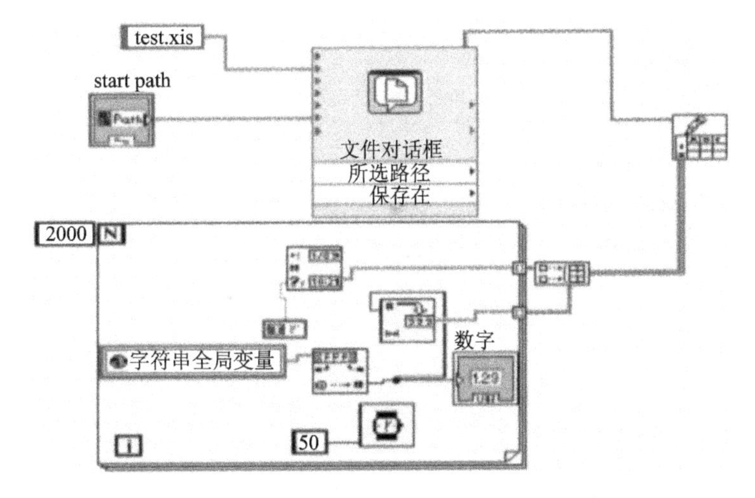

图 3-11-2　定时保存光照信息子程序框图示例

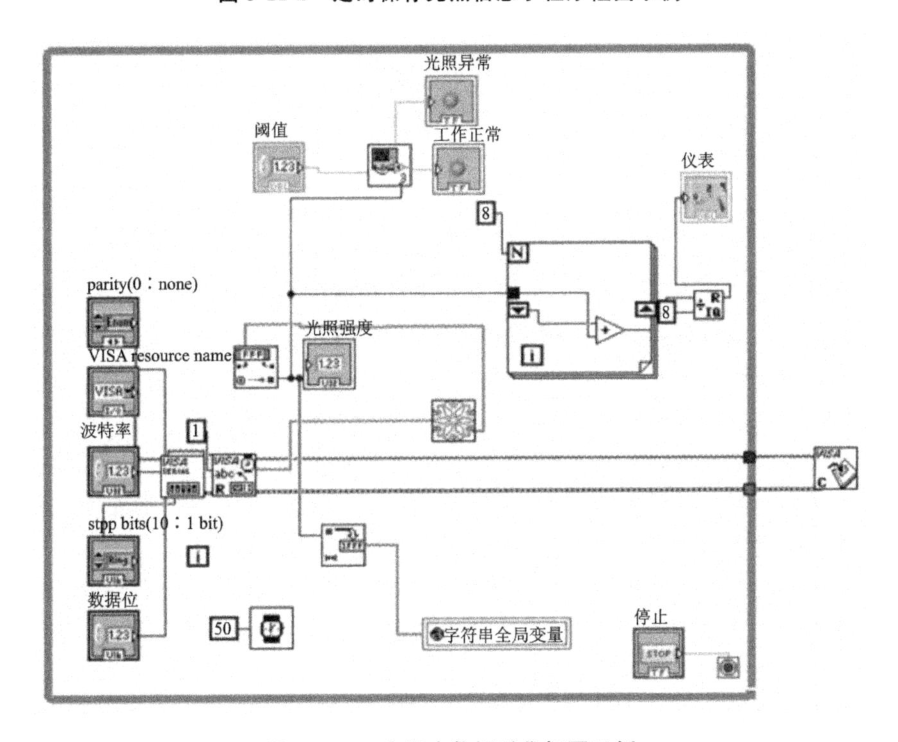

图 3-11-3　光照度数据采集框图示例

六、实验报告要求

（1）简述实验步骤、流程图、运行结果的前面板图；
（2）记录实验感想和实验心得体会。

实验十二　多通道虚拟示波器设计实验

一、实验目的

（1）理解 A/D 转换原理；
（2）掌握示波器原理及其构成；
（3）掌握虚拟仪器在实际信号检测中的基本应用方法。

二、实验设备

（1）数据采集卡 1 张；
（2）PC 1 台；
（3）LabVIEW 软件 1 套；
（4）导线、电阻、电容若干。

三、实验原理

1. 示波器原理

示波器是利用电子示波管的特性，将人眼无法直接观测的交变电信号转换成图像，显示在荧光屏上以便电子测量仪器测量。它是观察数字电路实验现象、分析实验中的问题、测量实验结果必不可少的重要仪器。示波器由示波管和电源系统、同步系统、X 轴偏转系统、Y 轴偏转系统、延迟扫描系统、标准信号源组成。

示波器的工作原理是利用显示在示波器上的波形幅度的相对大小来反映加在示波器 Y 轴偏转极板上的电压最大值的相对大小，从而反映出电磁感应中所产生的交变电动势的最大值的大小。因此借助示波器可以研究感应电动势与其产生条件的关系。

示波器是用来测量交流电或脉冲电流波的形状的仪器，由电子管放大器、扫描振荡器、阴极射线管等组成。除观测电流的波形外，还可以测定频率、电压强度等。凡可以变为电效应的周期性物理过程都可以用示波器进行观测。

示波器分为数字示波器和模拟示波器。模拟示波器采用的是模拟电路（示波管，其基础是电子枪）电子枪向屏幕发射电子，发射的电子经聚焦形成电子束，并打到屏幕上。屏幕的内表面涂有荧光物质，这样电子束打中的点就会发光。数字示波器是数据采集、A/D 转换、软件编程等一系列的技术制造出来的高性能示波器。数字示波器一般支持多级菜单，能提供给用户多种选择，多种分析功能。还有一些示波器可以提供存储，实现对波形的保存和处理。

在电子实践技术过程中，常常需要同时观察两种（或两种以上）信号随时间变化的过程。并对这些不同信号进行电量的测试和比较。为了达到这个目的，人们在应用普通示波器原理的基础上，采用了以下两种同时显示多个波形的方法：一种是双线（或多线）示波法；另一种是双踪（或多踪）示波法。应用这两种方法制造出来的示波器分别称为双线（或多线）示波器和双踪（或多踪）示波器。

双踪（或多踪）示波器是在单线示波器的基础上，增设一个专用电子开关，用它来实现两种（或多种）波形的分别显示。由于实现双踪（或多踪）示波比实现双线（或多线）示波来得简单，不需要使用结构复杂、价格昂贵的"双腔"或"多腔"示波管，所以双踪（或多踪）示波获得了普遍的应用。

2. 虚拟示波器原理

虚拟仪器技术（NI）就是利用高性能的模块化硬件，结合高效灵活的软件来完成各种测试、测量和自动化的应用。灵活高效的软件能帮助用户创建完全自定义的用户界面，模块化的硬件能方便地提供全方位的系统集成，标准的软硬件平台能满足对同步和定时应用的需求。

虚拟示波器因具有波形触发、存储、显示、测量、波形数据分析处理等独特优点，其使用日益普及。由于虚拟示波器与模拟示波器之间存在较大的性能差异，如果使用不当，会产生较大的测量误差，从而影响测试任务。

带宽是示波器最重要的指标之一。模拟示波器的带宽是一个固定的值，而虚拟示波器的带宽有模拟带宽和数字实时带宽两种。虚拟示波器对重复信号采用顺序采样或随机采样技术，所能达到的最高带宽为示波器的数字实时带宽，数字实时带宽与最高数字化频率和波形重建技术因子 K 相关（数字实时带宽＝最高数字化速率/K），一般并不作为一项指标直接给出。从两种带宽的定义可以看出，模拟带宽只适合重复周期信号的测量，而数字实时带宽则同时适合重复信号和单次信号的测量。实际应用中，有些厂家声称示波器能达到的带宽，实际上指的是模拟带宽，数字实时带宽要低于这个值。例如厂家标明示波器的带宽为 500 MHz，实际上是指其模拟带宽为 500 MHz，而最高数字实时带宽只能达到 400 MHz，远低于模拟带宽。所以在测量单次信号时，一定要参考虚拟示波器的数字实时带宽，否则会给测量带来意想不到的误差。

采样速率也称为数字化速率，是指单位时间内，对模拟输入信号的采样次数。采样速率是虚拟示波器的一项重要指标。例如，示波器的输入信号为一个 100 kHz 的正弦信号，示波器显示的信号频率却是 50 kHz，这是因为示波器的采样速率太慢，产生了混叠现象。混叠就是屏幕上显示的波形频率低于信号的实际频率，或者即使示波器上的触发指示灯已经亮了，而显示的波形仍不稳定。那么，对于一个未知频率的波形，如何判断所显示的波形是否已经产生混叠呢？可以通过慢慢改变扫速 t/div 到较快的时基挡，看波形的频率参数是否急剧改变，如果是，说明波形混叠已经发生；或者晃动的波形在某个较快的时基挡稳定下来，也说明波形混叠已经发生。根据 Nyquist 定理，采样速率至少高于信号高频成分的 2 倍才不会发生混叠，如一个 500 MHz 的信号，至少需要 1 GS/s 的采样速率。

每台虚拟示波器的最大采样速率是一个定值。但是，在任意一个扫描时间，采样速率 f_s 由式子 $f_s=N/(t/div)$，其中 N 为每格采样点。当采样点数 N 为一定值时，f_s 与 t/div 成反比，扫速越大，采样速率越低。使用虚拟示波器时，为了避免混叠，扫速挡最好置于较快的位置。如果想要捕捉到瞬息即逝的毛刺，扫速挡则最好置于主扫速较慢的位置。

四、实验要求

(1) 熟悉传统示波器的基本原理、操作界面的各个按钮的作用。

(2) 熟练掌握虚拟仪器软件 LabVIEW 的基本界面，包括波形图、波形表和基本按钮等，以及各个元件的属性及作用。

(3) 利用 LabVIEW 独立完成传统示波器的基本功能，熟悉各程序结构及其实现原理。

(4) 编写设计与实现过程文档，总结实验，对比分析传统示波器和基于虚拟仪器示波器的优缺点，写出心得体会，并现场演示和答辩。

五、实验步骤

在 LabVIEW 中，利用条件结构 case 来进行设计实现单双通道的选择，实现 A 通道示波、B 通道示波和 A 和 B 通道双踪示波。通过 LabVIEW 程序面板，改变增益以及通道选择，实现与传统示波器类似功能，示意图如图 3-12-1 所示。

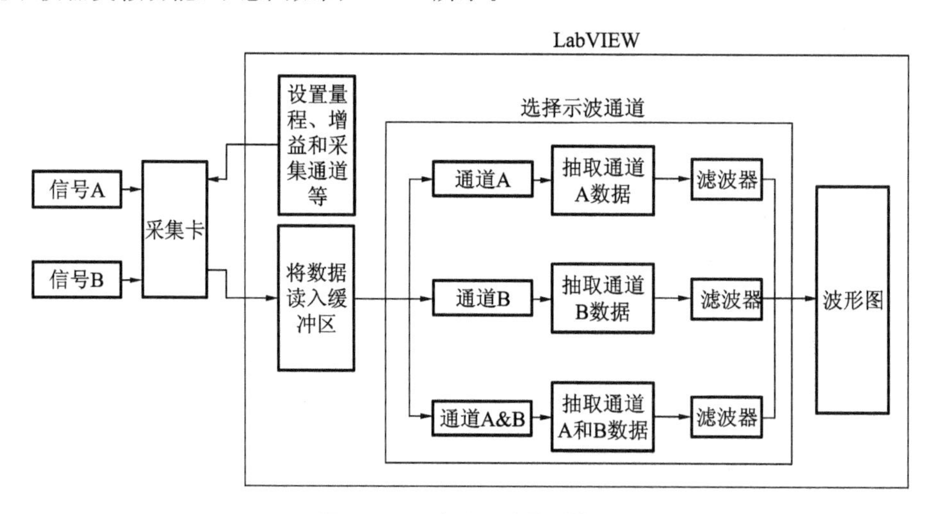

图 3-12-1 虚拟示波器示意图

实验步骤如下。

(1) 将被测信号接入采集卡的 AI 接口，例如 AI_0 和 AI_1。

(2) 用顺序结构依次建立打开设备帧、初始化帧、开辟数据缓冲区(一维数组)帧、循环读取数据帧、清理资源帧和关闭设备帧；

(3) 用条件结构作示波通道选择结构，包含通道 A、通道 B 和通道 AB 双踪示波；

(4) 采集卡采集上来的数据可能会有干扰信号，因此必须在波形显示等处理之前进行滤波处理，滤波器可以使用 LabVIEW 的滤波函数并加以配置实现。需要注意的是由于从采集卡采集上来的数据只有幅值数据，没有时间信息，因此需要加入时间信息才能比较准确地将信号表示为时域信号图。采集卡的转换率为 500 kS/s，亦即采样一个点需要 2 μs，因此滤波器、

频谱测量和波形图 X 轴的 $\Delta t=0.000002$ s，同时在用波形图显示时，为了能够更好地描述信号图，还需要将采样点数、Δt 和波形图、X 轴表示范围关联起来。

（5）波形图显示。本实验波形图显示需要用捆绑簇来实现，捆绑簇函数的第一个引脚为0，表示 X 坐标从 0 开始，簇捆绑簇函数的第二个引脚为 Δt，表示 X 坐标两点之间的时间间隔，捆绑簇函数的第三个接滤波器输出的幅值数据，表示 Y 坐标的值。

六、实验报告要求

演示并提交实验相关程序代码和设计与实现过程文档。

七、思考题

如果实际应用中需要比对多个信号（大于等于 3 个信号）时，那么如何用虚拟仪器方法实现？

实验十三 虚拟频谱分析仪设计实验

一、实验目的

（1）了解 A/D 转换原理；

（2）了解频谱分析仪构成及原理；

（3）掌握虚拟频谱分析仪在实际信号检测中的基本应用方法。

二、实验设备

（1）数据采集卡 1 张；

（2）PC 1 台；

（3）LabVIEW 软件 1 套；

（4）导线、电阻、电容若干。

三、实验原理

频谱分析仪是对信号进行测量的重要工具，应用广泛，被称为工程师的射频万用表。传统的频谱分析仪的前端电路是一定带宽内可调谐的接收机，输入信号经变频器变频后由低通滤器输出。滤波输出信号作为垂直分量，频率作为水平分量，在示波器屏幕上绘出坐标图，就是输入信号的频谱图。传统的频谱分析仪只能测量频率的幅度，缺少相位信息，因此属于标量仪器，而且体积庞大。利用 LabVIEW 强大的虚拟仪器开发功能，可实现基于快速傅里叶变换的现代频谱分析仪功能，采用数字方法直接由模拟/数字转换器（ADC）对输入信号取样，再经快速傅里叶变换处理后获得频谱图，可以解决传统频谱分析仪价格高、携带不便等缺点。

虚拟频谱分析仪利用数据采集卡的模拟输入和模拟输出两个功能，用模拟输出功能产生所需的激励信号，并将其加到被测网络上，再用两个模拟输入通道将激励信号和网络输出端的响应信号同时采集到计算机中，经处理后，构成幅频和相频特性曲线，并显示在计算机屏幕上，最后对模拟生成的信号进行分析，在计算机屏幕上输出模拟信号的幅频/相频特性。虚拟频谱分析仪构成如图 3-13-1 所示。

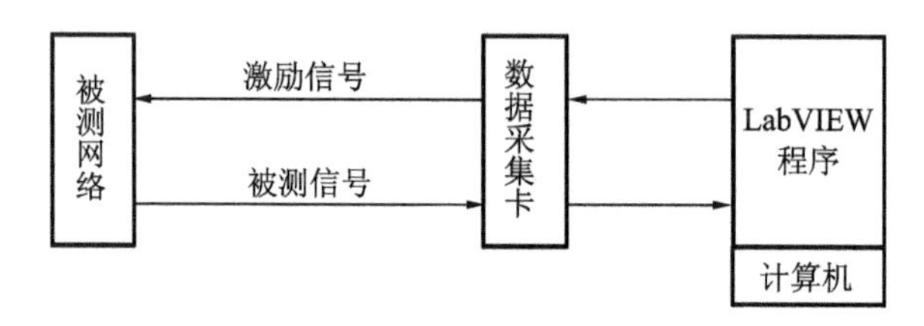

图 3-13-1 虚拟示波器示意图

虚拟频谱分析仪由滤波器、幅频/相频特性、频谱分析结果等模块组成。频谱分析和滤波器模块可以利用 LabVIEW 强大的数字信号处理功能，对这组数据进行滤波、加窗、FFT 运算处理，得到信号的实部谱和虚部谱，最重要的是得到信号的幅频特性曲线和相频特性曲线；在频谱分析的结果模块中，对生成信号的频谱进行分析，并将均方根值、一个周期内的信号均值等参数在系统退出时保存到文本设计件中。其中，在滤波设置中可以控制滤波的通过方式以及截止频率，最后显示出频谱分析结果。

虚拟频谱分析仪前面板分为 3 部分，包括信号滤波选项、幅频/相频特性和信号频谱分析结果。在 LabVIEW 程序面板中，界面上要能够改变滤波类型以及滤波参数、数据卡采样率等信息。

四、实验要求

（1）熟悉频谱分析仪基本原理、操作界面的各个按钮的作用。

（2）熟练掌握虚拟仪器软件 LabVIEW 的基本界面，包括波形图、波形表和基本按钮等，以及各个元件的属性及作用。

（3）在熟悉各程序结构及其频谱分析仪原理基础上，独立设计和完成虚拟频谱分析仪。

（4）编写设计与实现过程文档，总结实验，对比分析传统频谱分析仪和基于虚拟仪器频谱分析仪的优缺点，写出心得体会，并现场演示和答辩。

五、实验内容与步骤

利用 LabVIEW 的滤波模块和频谱测量模块等，通过数据采集卡来实现一个虚拟频谱分析仪。整个虚拟频谱分析仪总体结构如图 3-13-2 所示。实验内容及主要步骤如下。

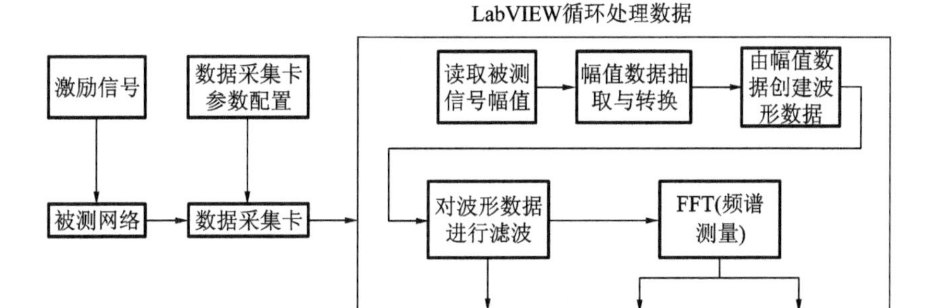

图 3-13-2 虚拟频谱分析仪结构图

(1) 搭建和连接信号检测电路；

(2) 构建被测信号读取、抽取与量程转换模块；

(3) 由被测信号幅值构建波形数据；

(4) 构建波形显示模块；

(5) 构建滤波模块；

(6) 调试。

对于滤波部分，LabVIEW 提供了丰富的滤波函数。各种滤波器函数位于后面板函数→Express→信号分析中，它的设置分为 4 个区域，分别为滤波器参数设置(FilteringType)、两个预览窗口和预览模式设定区域(ViewMode)。滤波器种类有四种，分别为高通、低通、带通以及平滑滤波器。前三种都容易理解，平滑滤波器主要用于对信号进行局部平均，消除周期性噪声或白噪声。低通滤波器模块 Filter. VI 的功能引脚如图 3-13-3 所示。带通滤波器模块 BandFilter. VI 的功能引脚如图 3-13-4 所示。顾名思义，带通滤波器的意思就是频率在某个范围内的波形可以通过，它比低通滤波器只多了一个高截止频率(UpperCut-Off) 引脚。

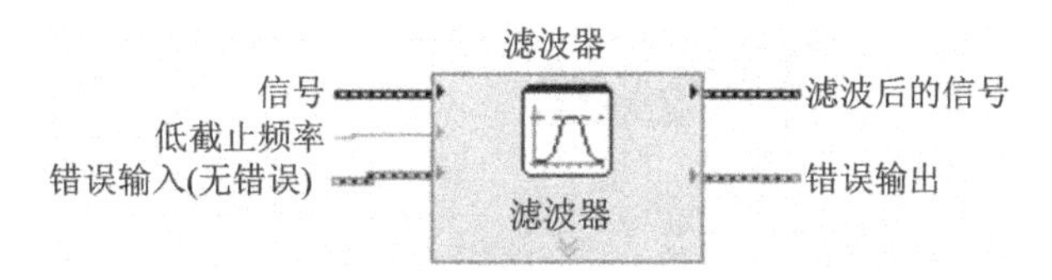

图 3-13-3 低通滤波器模块功能引脚图

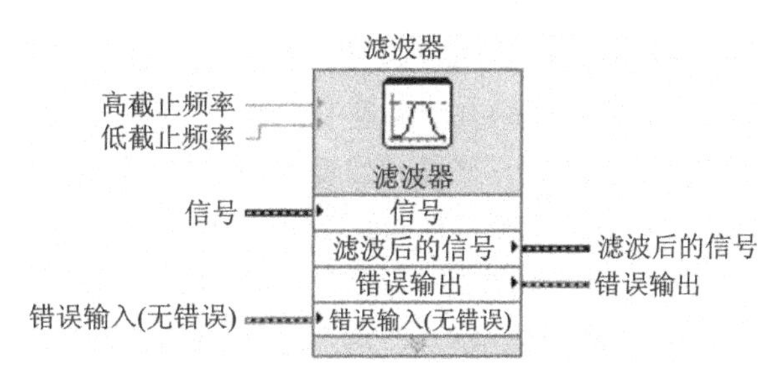

图 3-13-4 带通滤波器模块功能引脚图

对频谱分析部分，LabVIEW 提供了丰富的波形频谱分析工具，最典型的就是幅值电平测量模块，位于后面板函数→Express→信号分析中，该模块参数对话框分为 4 个区域，如图

3-13-5所示，分别是要求进行的幅值特征值求取的项目(AmplitudeMeasurements)、当前信号幅值求取的结果(Results)、输入信号预览窗口(InputSignal)和加窗后信号预览窗口(ResultSignal)，其中最重要的是幅值特征值求取项目的设置，需要求取哪个特征值，就在它前面打勾，幅值电平测量模块自动在其图标中添加这一输出端口。幅值电平测量模块功能引脚如图 3-13-6 所示。该模块有 3 个输入引脚和 8 个输出引脚。3 个输入引脚分别是：重新开始平均(RestartAveraging)引脚，标识是否重启选定的平均处理过程，缺省为 False；信号(Signals)引脚是输入要分析的信号；错误输入(errorin(noerror))引脚，指在执行到这个 VI 之前发生错误条件描述。8 个输出引脚分别是：均方根(RMS)引脚，指信号均方根值；正峰(PositivePeak)引脚，指正向峰值；错误输出(errorout)引脚，指子 VI 执行错误时的输出信息；周期平均(CycleAverage)引脚，指一个周期的平均值；周期均方根(CycleRMS)引脚，指一个周期的均方根值；重新开始平均(Mean DC)引脚，指信号均值；反峰(NegativePeak)引脚，指负向峰值；峰峰值(Peak to Peak)引脚，指输入信号波形的正向和负向的最大振幅值。本设计把函数信号发生器生成并经采集卡输入到 LabVIEW 后的 2 路信号，作为此 VI 的该模块的输入信号，就可以对生成的信号进行分析，从而输出该信号的一些参数信息，如信号均值、峰值和一个周期的均方根值等。

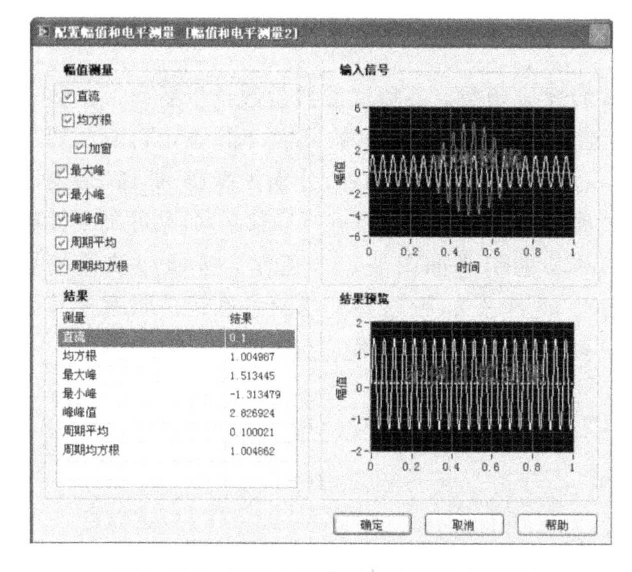

图 3-13-5　幅值电平测量模块配置对话框

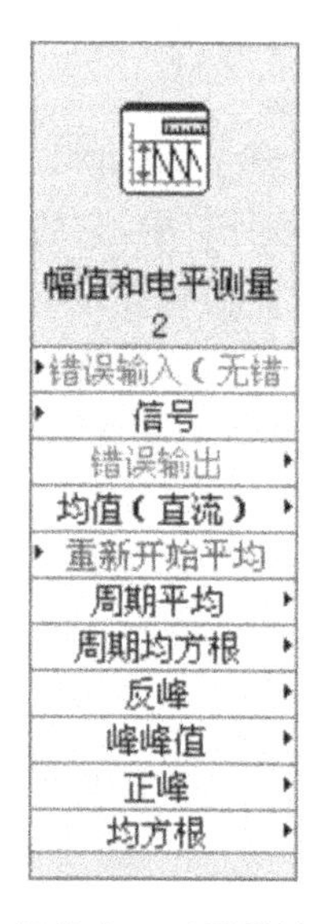

图 3-13-6　幅值电平测量模块功能引脚图

另外一个比较典型的信号分析 VI 就是 FFTSpectrum(Real-Im). VI，亦即 FFT 频谱(实部-虚部)，位于后面板函数→信号处理→波形测量中。该 VI 可以对输入的时域信号计算出快速傅里叶变换频谱，并分别返回波形的实部谱和虚部谱，在实际应用中进行实部谱和虚部谱的分析也很有意义，FFTSpectrum. VI 功能引脚如图 3-13-7 所示。该模块共有 10 个引脚，分别是：重新开始平均(RestartAveraging)引脚，标识是否重启选定的平均处理过程，缺省值为 False；时间信号(TimeSignals)引脚，标识输入的时域信号；窗(Window)引脚，指加窗设置，加窗方式包括可以有多种不同的方式，如 Uniform、Hanning、Hamming 以及 Blackman 等；错误输入(errorin(noerror))引脚，指在执行到这个 VI 之前发生错误条件描述；错误输出(errorout)引脚，指子 VI 执行错误时的输出信息；平均参数(AveragingParameters)引脚，指输入波形信号的平均参数；实部(RealParts)引脚，标识波形的实部谱，输出可以是用 graph 图像直观描述的方式也可以是一堆参数的描述形式；虚部（ImaginaryParts）引脚，指输入波形的虚部谱，描述方式同实部谱；其余两个引脚完成平均（AveragingDone）引脚和已完成平均数（AveragesCompleted）引脚是对输入波形一些不常用参数的描述，一般不用。

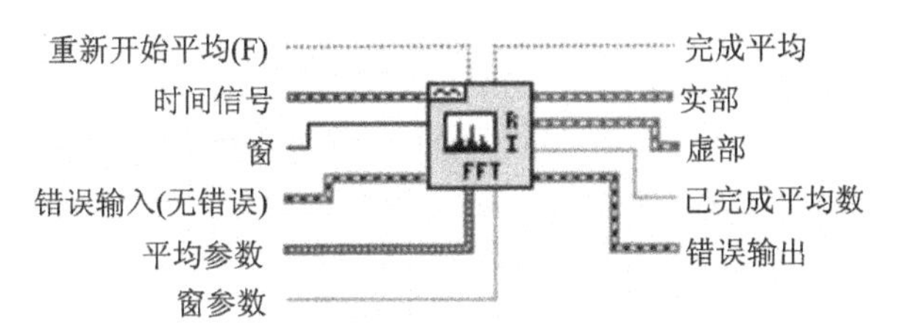

图 3-13-7　FFT 频谱（实部-虚部）功能引脚图

六、实验报告要求

演示并提交实验相关程序代码和设计与实现过程文档。

第二节　“虚实结合”网络远程测控实验

实验十四　网络化远程振动分析实验

一、实验目的

(1) 理解加速度计的工作原理；
(2) 掌握用加速度计测量振动的方法；
(3) 掌握振动分析方法。

二、实验要求

(1) 了解振动的机理、种类以及危害，理解振动的主要评价指标；
(2) 了解振动的测试手段和测试方法，了解不同测试手段的优劣；
(3) 理解振动传感器的工作原理、种类，理解不同传感器的优劣；
(4) 掌握振动测试过程，包括传感器放置、测试仪器选择、测试和分析软件的使用；
(5) 掌握通过时频分析方法，对振动进行动态分析。

三、实验内容与步骤

1. 信号连接

振动测试使用 PXI-4461 进行实验，PXI-4461 为两输入两输出的动态信号采集板卡，可以用于振动和噪声测试，如图 3-14-1 所示。当进行振动测试时，PXI-4461 与加速度计通过 BNC 线缆进行连接。

图 3-14-1 PXI-4461

对于远程仿真实验室，已经默认连接了一个 PCB 加速度计到 CH0。

2. 加速度计的放置

根据需要，加速度与被测点的连接可通过螺丝端子、磁铁等方式进行连接。在本实验中，测试对象为电机工作引起的振动，与电机的机械部件相连。

对于远程仿真实验室，加速度计被粘贴到电机外壳上。

3. 登录应变测试实验界面

如果是第一次运行，首先安装远程仿真实验室客户端，按照提示进行安装即可。运行虚拟仿真客户端，进入登录界面，如图 3-14-2 所示。

4. 登录实验选择界面

输入学号和姓名，登录到实验选择界面。在实验选择界面，用户可以查看远程仿真实验室提供的实验列表，各个实验的排队情况，以及设备的占用情况。

5. 排队

在左下角的实验编号输入框内输入 2，如图 3-14-3 所示，点击开始排队，如果该实验没有被其他用户占用，则系统弹出提示排队成功，询问是否开始实验。这时候，如点击“开始实验”，则进入相应的实验界面；如点击“放弃”，则重新进入实验选择窗口。如果 120 s 之内不进行选择，则系统视为放弃，重新回到实验选择窗口。

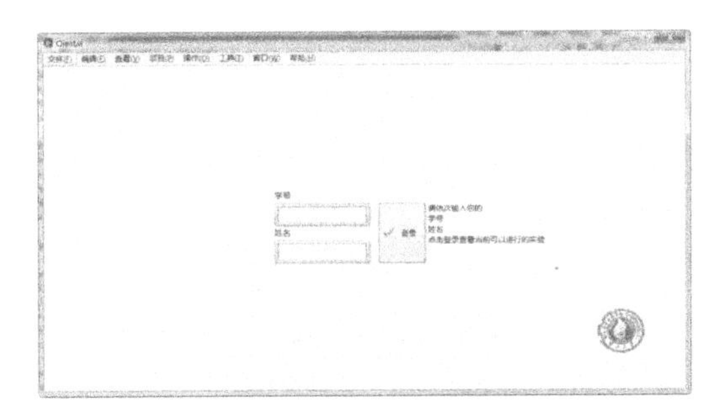

图 3-14-2 登录界面

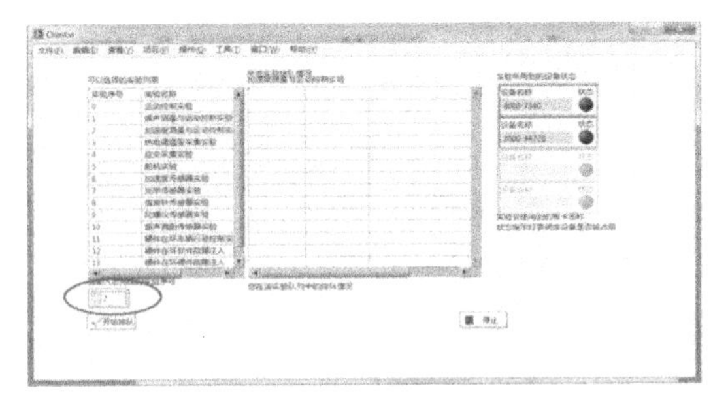

图 3-14-3 实验选择界面

如果实验被占用，在排队情况窗口会显示相应的队列情况，系统会按照先到先得的原则安排用户排队。此时可以选择等待前面的用户实验结束之后再开始实验，或者点击取消排队，回到实验选择窗口重新进行选择。

6. 振动测试

用户排队成功后，系统弹出如图 3-14-4 所示对话框，点击“开始实验”之后，进入振动测试的实验界面，如图 3-14-5 所示。用户可在此界面下进行振动实验，并且可以在远程图像窗口实时查看实验设备的运行情况。

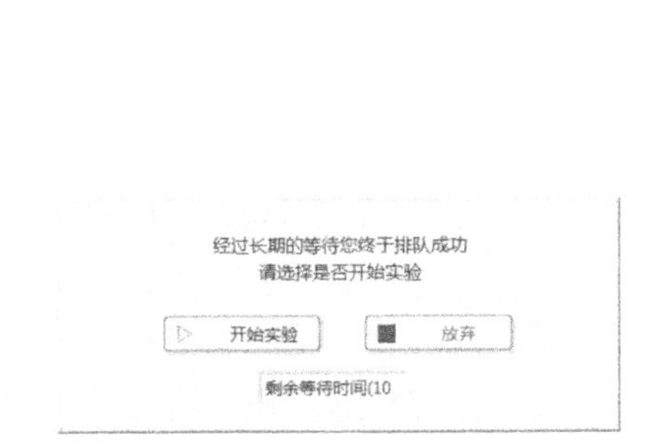

图 3-14-4 用户排队

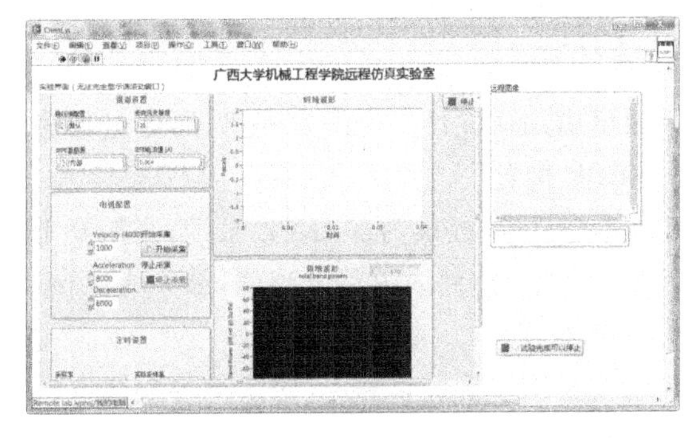

图 3-14-5 振动测试的实验界面

打开远程仿真实验室客户端，选择振动测试实验，进入振动测试实验界面，如图 3-14-6 所示。

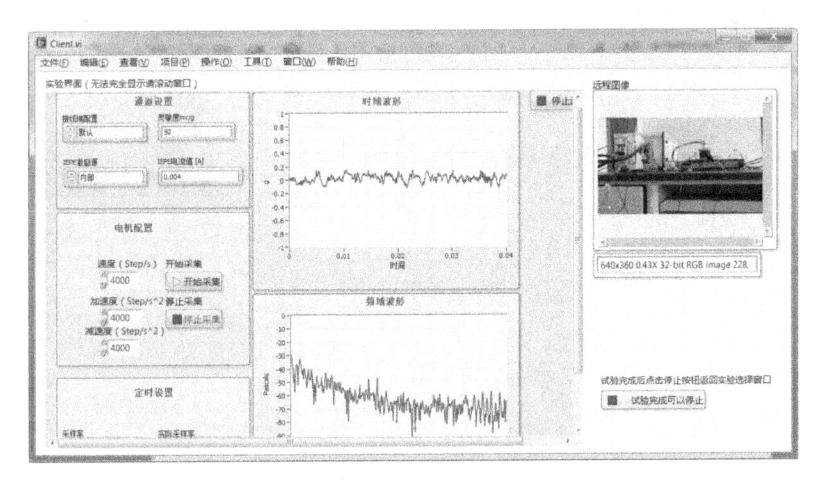

图 3-14-6 远程操作下的振动测试实验界面

7. 参数设置

振动测试参数设置如图 3-14-7 所示。

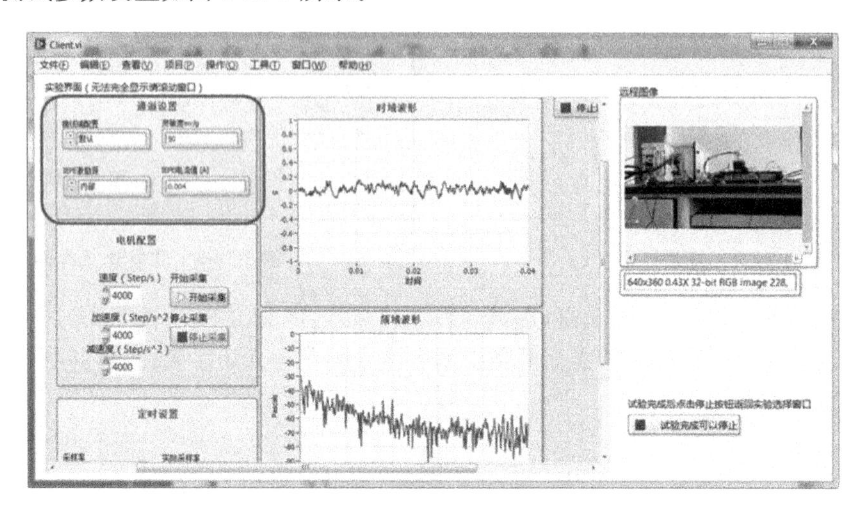

图 3-14-7 振动测试参数设置

1）接线端配置

一般来说加速度计的信号都是差分信号，接线端可选择差分或者默认。

2）灵敏度配置

灵敏度由加速度计生产厂家提供，可通过加速度计的数据手册查到。

3）IEPE 配置

PXI-4461 可以提供内部 IEPE 激励，当需要 IEPE 激励时，IEPE 激励源选择"内部"，并在 IEPE 电流源输入控件内填写电流值，最大为 4 mA。

4）定时设置

定时设置用于设置采样率、每次循环采样点数。可根据待测振动的频率进行设置。

8. 电机设置

本实验测试的振动是电机工作时的振动，因此在测试前需要启动电机。此实验中，可以配置电机的速度、启动的加速度、制动的减速度，如图 3-14-8 所示。

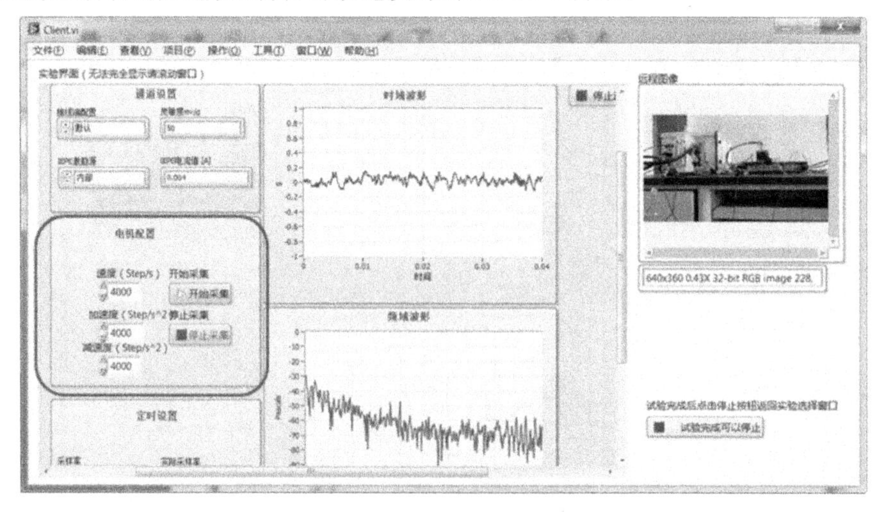

图 3-14-8 振动测试电机设置

9. 开始采集记录波形

采集卡和电机的参数配置完毕之后，点击“开始采集”，获取电机工作时的振动波形，如图3-14-9所示。

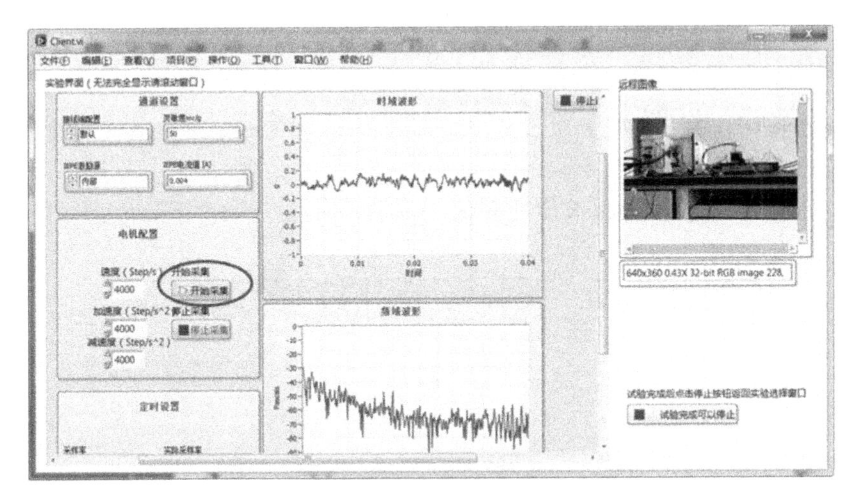

图 3-14-9　采集记录波形

10. 改变速度

观察并记录振动波形的变化，分析振动与电机速度之间的关系。

11. 退出

实验完成后，单击“停止采集”以及“试验完成可以停止”按钮，如图 3-14-10 所示，退出实验界面。

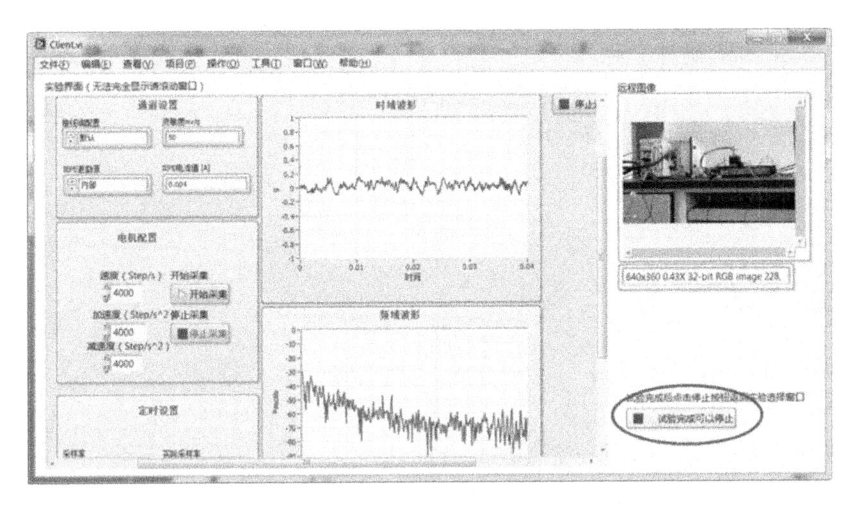

图 3-14-10　退出实验界面

四、实验报告要求

(1) 写出实验目的、实验设备、实验原理；

(2) 打印出振动的时域曲线和频域曲线，给出至少 5 组不同电机转速下的曲线；

(3) 分析振动与电机转速之间的关系；
(4) 结合实验遇到的问题谈谈对实验的看法。

五、思考题

(1) 分析加速度计的安装位置对于测试结果的影响，如何确定最佳的安装位置？
(2) 如何确定合适的采样频率？
(3) 改变采样频率，观察输出波形的变化，确定不同的振动条件下的最佳采样频率。

实验十五 网络远程噪声测试实验

一、实验目的

(1) 理解声学传感器的工作原理；
(2) 掌握用麦克风测量噪声的方法；
(3) 掌握噪声分析方法。

二、实验设备

(1) PXI 机箱和控制器 1 台；
(2) PXI-4461 1 个；
(3) GRAS 麦克风：50 mV/Pa 1 个；
(4) BNC 线缆。

三、实验要求

(1) 了解噪声的来源和种类；
(2) 了解噪声的采集原理；
(3) 理解声学传感器的原理和主要技术指标；
(4) 掌握噪声采集系统的设置方法，掌握噪声采集的方法；
(5) 掌握噪声分析的主要指标和方法。

四、实验原理

1. 声音以及 IEPE 传感器总述

声音与振动在本质上是通过不同的介质传播的。如同振动可以发出声音，声波在空气中传播时也会引起固体物质的振动。因为在理论层面上，两者之间是相互联系的，所以测量声音与振动从本质来看也是相似的。

可认为声音与振动都是振荡，最简单的振荡波形就是正弦波形，其表达式是以时间作为参数的公式 $F(t)-A\sin(\omega t+\varphi)$，其中角频率 ω 和相位差 φ 为固定值。角频率 ω 的单位是弧度每秒(rad/s)，同频率 f(Hz 或者 s^{-1})相关，两者关系式为 $\omega=2\pi f$。角频率通常和相位差 φ 一同提起。相位差 φ 是对应起始时间 t_0 的波形位移，常用度(°)或者弧度(rad)表示。

2. 声音信号处理

声音信号进行处理时，主要是对其频域信号进行分析和处理。以下是在声音信号测试中分析的几个常用参数和分析对象，也包含如何在 LabVIEW 中实现信号处理的方法。

(1) 声音强度测量。

声音强度定义为声压的动态变化。此测量一般参考人耳听力的阈值(一般为 20 μPa)，并以振幅的对数表示，以 dB 为单位。进行声音强度测量时，往往需要配合使用加权滤波器和平均滤波器。声音和振动工具包能够轻松执行各类声音强度测量。如图 3-15-1 的范例为使用声音和振动工具包中的 Sound Level Express VI 根据采集到的数据进行多种声压测量。也可以在一段较长的时间内，执行多次测量来计算回响次数或等效噪声强度。

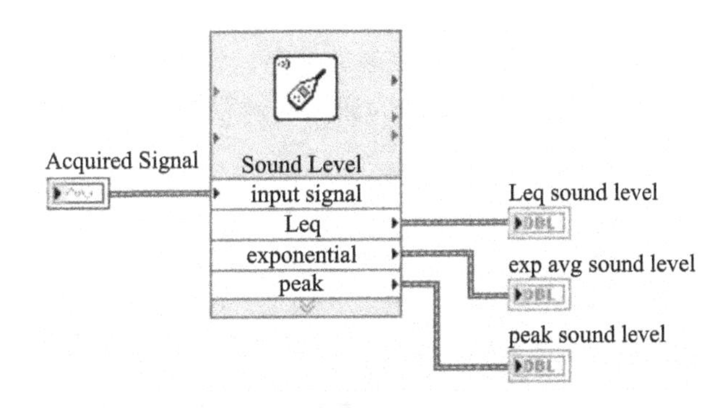

图 3-15-1　使用声音和振动工具包中的 Sound Level Express VI
根据采集数据进行多种声音强度测量

(2) 倍频分析。

分数倍频分析是一种广泛使用的、用于分析音频和声音信号的技术。分析过程包括：在带通滤波器的频段发送时域信号，计算信号平方的平均值，将结果值显示在条状图中。倍频分析的规范由 ANSI 和国际电工委员会(IEC)定义。滤波器和图表的属性由所需频率带宽和倍频分数定义。使用声音和振动工具包搭配 NI DSA 板卡可创建完全符合国际标准的分数倍频分析器。声音和振动工具包中包含符合 ANSI 和 IEC 标准的 VI，它们能以全倍频到 1/24 倍频进行分析。图 3-15-2 所示为使用声音和振动工具包进行的 1/3 倍频分析的例子。

(3) 频率响应。

进行频率响应分析一般是为了描述测量系统的频率响应函数(FRF)的特性。FRF 为频域下输出与输入的比值。FRF 曲线是音频设备的常用参数规范，目前有多种获得 FRF 的方式。双通道频率分析可能是最快的方法；互谱法根据两个输入生成频率曲线，频率曲线一般为被测元件(UUT)的激励信号和响应信号。

频率响应分析的常见设定需要将宽带激励信号作用到 UUT(通常为噪声或多频信号)。UUT 的激励信号与响应信号被同步采集。双通道频率分析可获取 UUT 的频率响应和相位

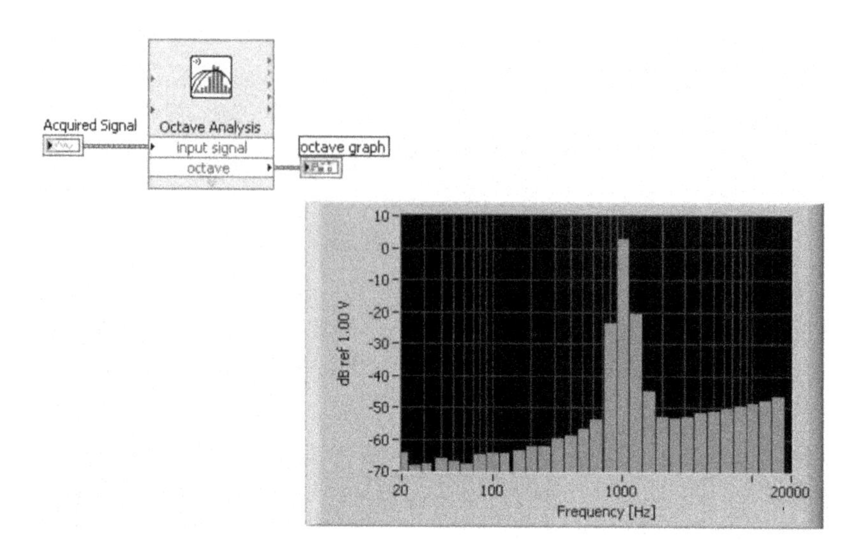

图 3-15-2 进行基于 ANSI 标准的 1/3 倍频分析

响应以及信号的相关性。为提高 FRF 测量性能，可对响应信号求平均，FRF 的平均长度越长，响应曲线的精度就越高。该方法能够有效克服噪声、失真及非相关效应。此外，该技术的计算速度极快，因为它能够同时测量所有感兴趣的频率。该方法的唯一缺点是，其信噪比低于相对应的扫频测量的信噪比。图 3-15-3 所示为通过声音和振动工具包的 VI 根据采集的激励信号的平均响应函数的例子。

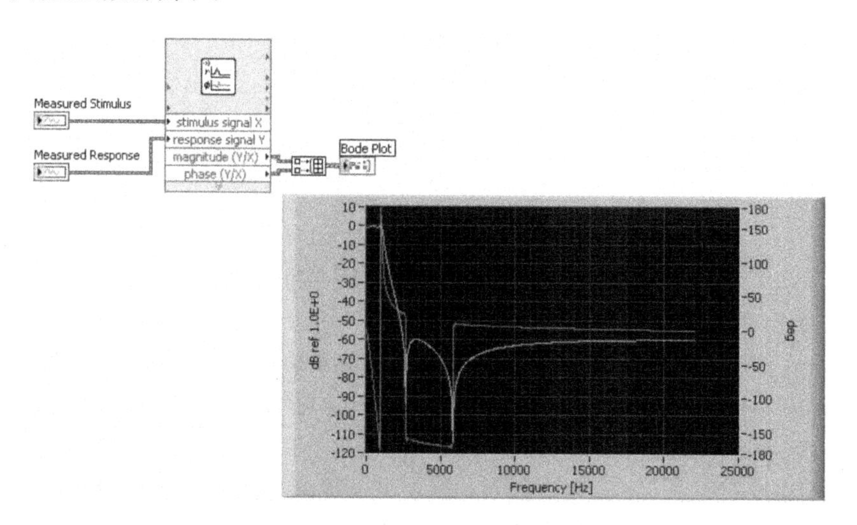

图 3-15-3 通过互谱法获取频率响应函数

五、实验内容与步骤

1. 信号连接

噪声测试使用 PXI-4461 进行实验，PXI-4461 为两输入两输出的动态信号采集卡，可以用于振动和噪声测试。当进行噪声测试时，PXI-4461 与麦克风通过 BNC 线缆进行连接。

对于远程仿真实验室，已经默认连接了一个 GRAS 麦克风到 CH1。

2. 加速度计的放置

麦克风需要安装在接近声源的位置，必要时需要采用一定的隔离，以隔离环境噪声的影响。在远程仿真实验中，加速度计被安装在电机旁边，以采集电机工作时的噪声。

3. 登录应变测试实验界面

打开远程仿真实验室客户端，选择噪声测试实验，进入噪声测试实验界面，如图 3-15-4 所示。

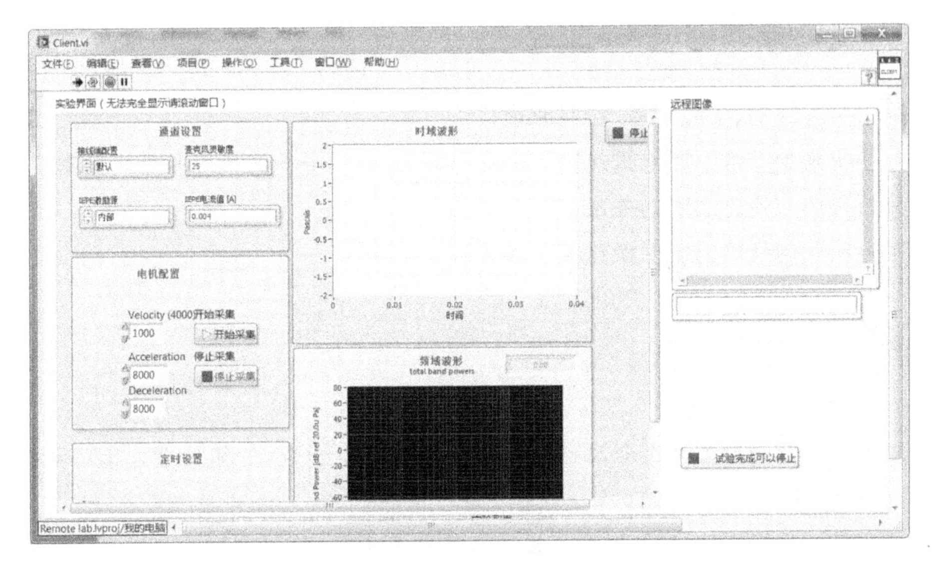

图 3-15-4 噪声测试实验界面

4. 参数设置

1）接线端配置

一般来说麦克风的信号是差分信号，接线端可选择差分或者默认，或者根据实际情况选择。

2）灵敏度配置

灵敏度参数由麦克风生产厂家提供，可通过麦克风的数据手册查到。

3）IEPE 配置

PXI-4461 可以提供内部 IEPE 激励，当需要 IEPE 激励时，IEPE 激励源选择“内部”，并在 IEPE 电流源输入控件内填写电流值，最大为 4 mA。

4）定时设置

定时设置用于设置采样率、每次循环采样点数。可根据待测噪声的主频进行设置。

5. 电机设置

本实验测试的噪声是电机工作时的噪声，因此在测试前需要启动电机。此实验中，可以配置电机的速度、启动的加速度、制动的减速度。

6. 开始采集记录波形以及带内功率

数据采集卡和电机的参数配置完毕之后，点击“开始采集”，获取电机工作时的噪声的时域波形、倍频分析结果以及带内功率。

7. 改变速度

改变速度，观察并记录噪声波形的变化，分析噪声与电机速度之间的关系。

8. 退出

实验完成后，点击“停止采集”以及“试验完成可以停止”按钮，退出实验界面。

六、实验报告要求

(1) 写出实验目的、实验设备、实验原理；

(2) 打印出至少5组不同电机速度下的噪声波形、倍频分析波形以及带内频率；

(3) 分析噪声与转速之间的关系；

(4) 结合实验遇到的问题谈谈对实验的看法。

七、思考题

(1) 麦克风放置的位置是否会对噪声测试的结果产生影响，如何放置才能得到最佳的测量效果？

(2) 如何进一步提高测试的精确性，减少环境噪声的影响（屏蔽）？

实验十六　网络化远程车辆行驶仿真监控实验

一、实验目的

通过远程实验自主学习车辆行驶仿真监控方法，输入不同加速踏板开度、变速箱挡位和制动开启/关闭信号来模拟车辆加速、匀速和减速等行驶工况，验证发动机控制器（ECU）控制发动机在车辆正常行驶情况下运转的控制算法。

二、实验原理

硬件在环（HIL）测试系统是由上位机、发动机模型、HIL 硬件（见图 3-16-1）、ECU 等四部分组成。

(1) 上位机：采用 NI VeriStand 实验管理软件，监测测试过程中的数据，并为 ECU 测试提供激励信号。

(2) 发动机模型：四缸气道喷射汽油机。运行在 PXI 嵌入式实时控制器中，通过 NI VeriStand 软件进行在线修改和监测发动机模型参数。

(3) HIL硬件：采用NI FPGA板卡、DAQ板卡和CAN通信板卡，结合信号调理模块和故障注入模块，进行各种传感器的模拟运行，采集ECU信号。

(4) ECU：发动机控制器。

上位机通过网络与实时处理器进行交互。在实时系统中，PXI平台的板卡I/O接口接收ECU信号，并将信号传输给发动机模型，在发动机模型运算后再由PXI板卡的I/O输出各种传感器信号，信号经过调整和故障仿真后传输给ECU，从而形成一个闭环的实时系统。该HIL测试系统实验平台具有三部分功能，即车辆行驶仿真监控、硬件故障注入FIU、软件故障注入，如图3-16-2所示。

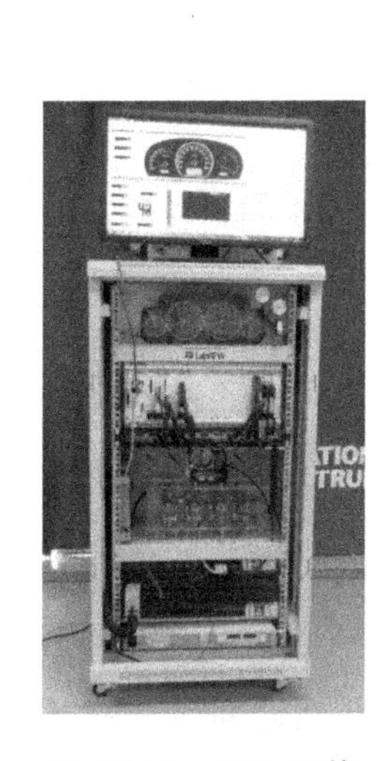

图 3-16-1　HIL硬件

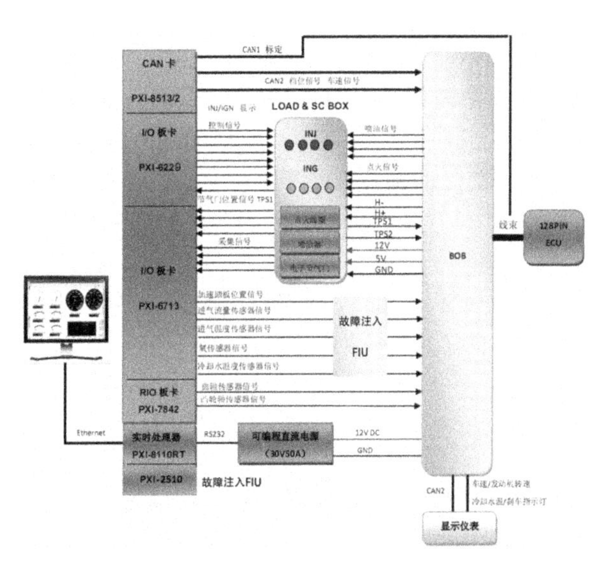

图 3-16-2　HIL测试系统实验平台

三、实验步骤

(1) 从客户端登录实验。如果是第一次运行，首先安装虚拟仿真客户端，按照提示进行安装即可。运行虚拟仿真客户端，进入登录界面，如图3-16-3所示。

(2) 输入学号和姓名，点击“登录”按钮，登录到实验选择界面，如图3-16-4所示。在实验选择界面，用户可以查看远程仿真实验室提供的实验列表、各个实验的排队情况，以及设备的占用情况。

(3) 在左下角的实验编号输入框内输入“11”，选择硬件在环车辆行驶控制实验，点击“开始排队”，如果该实验没有被其他用户占用，则系统弹出排队成功提示，询问是否开始实验。这时候，如点击“开始实验”，则进入相应的实验界面；如点击“放弃”，则重新进入实验选择窗口。如果120 s不进行选择，则系统视为放弃，重新回到实验选择窗口。

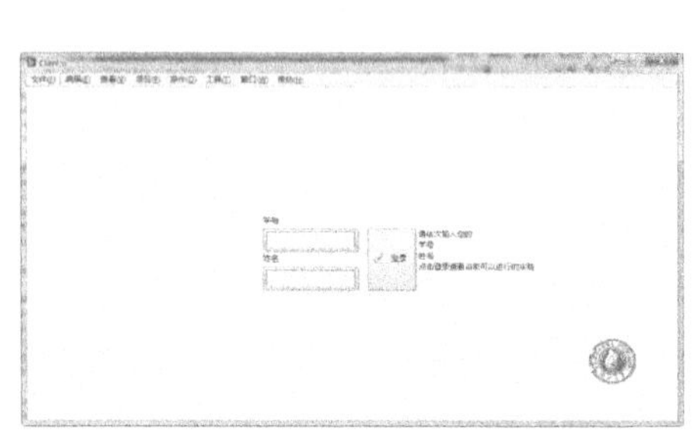

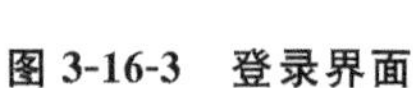
图 3-16-3　登录界面

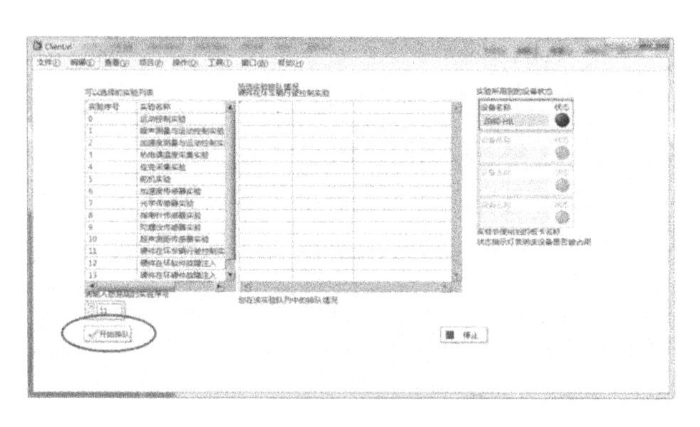

图 3-16-4　实验选择界面

（4）如果实验被占用，在排队情况窗口会显示相应的队列情况，系统会按照先到先得的原则安排用户排队。此时可以选择等待前面的用户实验结束之后再开始实验，或者点击取消排队，回到实验选择窗口重新进行选择。排队成功后，系统弹出如图 3-16-5 所示对话框。

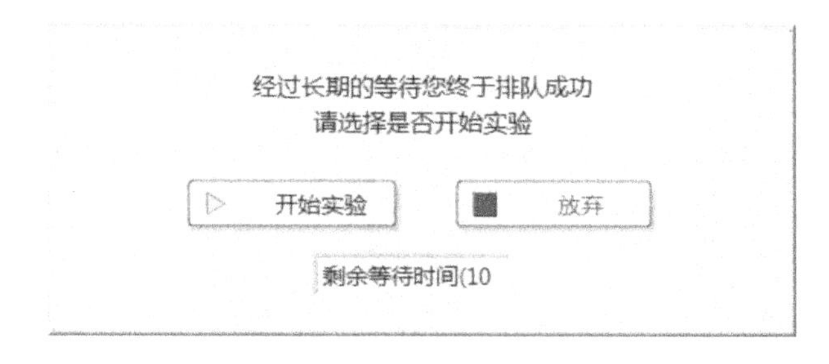

图 3-16-5　用户排队窗口

（5）点击“开始实验”之后，进入行驶测试的实验界面。用户可在此界面下进行车辆行驶实验，并且可以在远程图像窗口实时查看到实验设备的运行情况。可通过拖动滚动条，查看未显示界面，如图 3-16-6 所示。

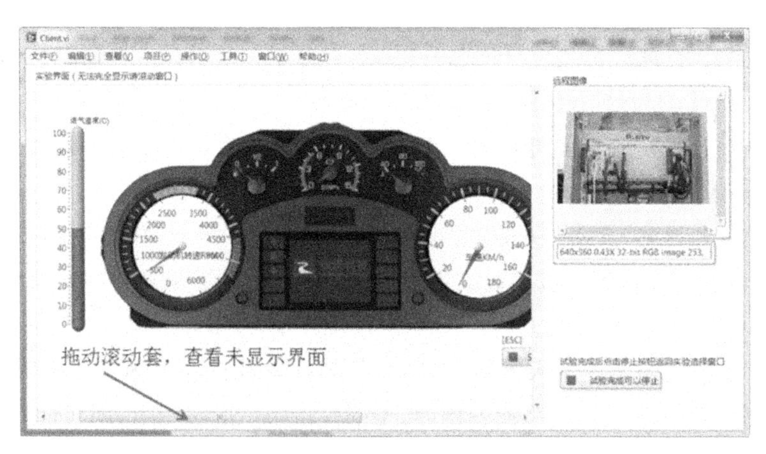

图 3-16-6　查看未显示界面

（6）开始行驶实验(见图 3-16-7)。

①暖机启动完成后挂 1 挡；

②加速踏板增加至 10%，发动机转速增加至 2000 r/min 时，挂 2 挡；

③加速踏板增加至 20%，发动机转速增加至 3000 r/min 时，挂 3 挡；

④加速踏板增加至 30%，发动机转速增加至 4000 r/min 时，挂 4 挡；

⑤踩刹车，发动机转速降低至怠速转速 800 r/min 时，关闭发动机。

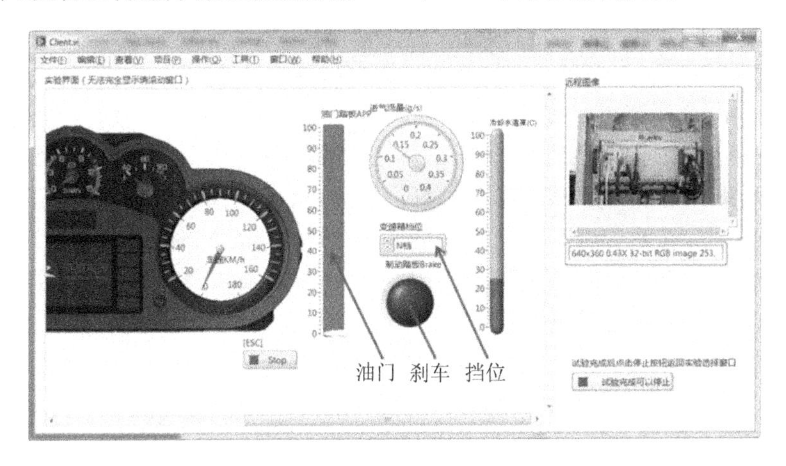

图 3-16-7　行驶实验界面

可通过观察进气温度和冷却水温度传感器是否到达 100 ℃，进气流量是否超过量程，以及车速在加速和制动工况下能否分别上升和下降来验证 ECU 功能以及发动机模型的正确性。

学生也可将自己编写的发动机模型部署到该 HIL 测试系统实验平台，根据自己的换挡策略进行上述操作来验证模型的正确性。

四、实验报告要求

(1) 写出实验目的、实验设备、实验原理；

(2) 输入不同加速踏板开度、变速箱挡位和制动开启/关闭信号时，分析车辆加速、匀速和减速等行驶工况验证 ECU 控制发动机在车辆正常行驶情况下运转的控制算法；

(3) 结合实验遇到的问题谈谈对实验的看法。

五、思考题

(1) 如何将编写的发动机模型部署到该 HIL 测试系统实验平台？

(2) 根据自己的换挡策略进行仿真模拟操作来验证模型的正确性。

附　录

测试技术一直被学生视为难学的课程之一。“难”的原因是多方面的:涉及的知识面广，数学推导多，概念难以理解等因素是客观存在的。因此，增设丰富的实验课程，让学生有更多机会参与到理实践中来，有助于培养学生的学习热情，加深对信号分析内容的理解。计算机软件工具是测控实验的一个重要环节，该测控实验指导书涉及MATLAB、LabVIEW及力控组态软件的许多重要知识体系，为了更好地掌握测控实验软件工具，充分发挥实验课的作用，向读者推荐以下书目:

附表1　MATLAB

书　　名	编　　者	出　版　社
MATLAB与大学数学实验	丁恒飞，王丙参，田俊红	科学出版社
MATLAB应用与实验教程	贺超英	电子工业出版社
MATLAB 2016数学计算与工程分析从入门到精通	黄少罗，甘勤涛，胡仁喜等	机械工业出版社
MATLAB GUI设计入门与实战	余胜威，吴婷，罗建桥	清华大学出版社
MATLAB向量化编程基础精讲	马良，祁彬彬	北京航空航天大学出版社
MATLAB在电类专业课程中的应用:教程及实训	曹弋	机械工业出版社

附表2　LabVIEW

书　　名	编　　者	出　版　社
LabVIEW虚拟仪器设计与应用	胡乾苗	清华大学出版社
LabVIEW大学实用教程	(美)Jeffrey Travis,Jim Kring	电子工业出版社
LabVIEW 2015虚拟仪器程序设计	王超，王敏	机械工业出版社
LabVIEW数据采集与仪器控制	龙华伟	清华大学出版社
LabVIEW实用工具详解	陈树学	电子工业出版社

附表3　力控组态软件

书　　名	编　　者	出　版　社
力控组态软件应用一本通	吴永贵	化学工业出版社
工业组态软件实用技术	龚运新，马国华	清华大学出版社
组态软件应用技术	张力展	机械工业出版

参考文献

[1] 史天录,刘经燕.测试技术及应用[M].广州:华南理工大学出版社,2009.

[2] 曲云霞,邱瑛.机械工程测试技术基础[M].北京:化学工业出版社,2015.

[3] 吕泉.现代传感器原理及应用[M].北京:电子工业出版社,2014.

[4] 刘迎春,叶湘滨.传感器原理、设计与应用[M].北京:国防工业出版社,2015.

[5] 郑阿奇.MATLAB 实用教程[M].3 版.北京:电子工业出版社,2012.

[6] 沙占友.智能传感器系统设计与应用[M].北京:电子工业出版社,2004.

[7] 周继明,江世明.传感技术与应用[M].长沙:中南大学出版社,2009.

[8] 刘丁.自动控制理论[M].北京:机械工业出版社,2006.

[9] 左为恒,周林.自动控制理论基础[M].北京:机械工业出版社,2007.

[10] 胡寿松.自动控制原理[M].北京:科学出版社,2013.

[11] 李行善,左毅,孙杰.自动测试系统集成技术[M].北京:电子工业出版社,2004.

[12] 范云霄,刘桦.测试技术与信号处理[M].北京:中国计量出版社,2002.

[13] 方彦军,程继红.检测技术与系统设计[M].北京:中国水利水电出版社,2007.

[14] 刘小波.自动检测技术[M].北京:清华大学出版社,2012.

[15] 董景新,赵长德.控制工程基础[M].北京:清华大学出版社,2008.

[16] Katsuhiko Ogata. Modern Control Engineering[M]. 4th ed. Pearson Education. Inc. ,2002.

[17] Richard C Dorf,Robert H Bishop. Modern Control Systems[M]. 9th ed. Pearson Education. Inc. ,2001.

[18] Mohand Mokhtari. MATLAB 与 SIMULINK 工程应用[M].赵彦玲,吴淑红,译.北京:电子工业出版社,2002.

[19] Stephen J Chapman. MATLAB 编程[M].北京:科学出版社,2003.

[20] 刘超,高双.自动控制原理的 MATLAB 仿真与实践[M].北京:机械工业出版社,2015.

[21] 贺超英,王少喻.MATLAB 应用与实验教程[M].2 版.北京:电子工业出版社,2013.

[22] 黄忠霖.新编控制系统 MATLAB 仿真实训[M].北京:机械工业出版社,2013.

[23] 曹弋.MATLAB 在电类专业课程中的应用:教程及实训[M].北京:机械工业出版社,2016.

[24] 黄少罗,甘勤涛,胡仁喜,等.MATLAB 2016 数学计算与工程分析从入门到精通[M].北京:机械工业出版社,2017.

[25] 杨叔子,杨克冲,等.机械工程控制基础[M].5 版.武汉:华中科技大学出版社,2005.

[26] 施文康,余晓芬.检测技术[M].3 版.北京:机械工业出版社,2010.

[27] 陈尚松,郭庆,黄新.电子测量与仪器[M].北京:电子工业出版社,2012.

[28] 何道清,邸春芳,张禾.电气测量技术[M].北京:化学工业出版社,2015.

[29] 龚运新.工业组态软件实用技术[M].北京:清华大学出版社,2005.

[30] 孙立坤.组态软件应用技术[M].北京:电子工业出版社,2014.

[31] 张力展,鲁韶华.组态软件应用技术[M].北京:机械工业出版社,2016.

[32] 吴永贵.力控组态软件应用一本通[M].北京:化学工业出版社,2015.
[33] National Instruments. The Interactive Encyclopedia of Measurement and Automation [M]. Texas:National Instruments,2002.
[34] National Instruments. LabVIEW Help[M]. Texas:National Instruments,2003.
[35] National Instruments. LabVIEW User Manutal[M]. Texas :National Instruments,2003.
[36] Jeffrey Travis Jim Kring. LabVIEW 大学实用教程[M]. 3 版. 北京:电子工业出版社,2008.
[37] 陈树学. LabVIEW 实用工具详解[M]. 北京:电子工业出版社,2014.
[38] 胡乾苗. LabVIEW 虚拟仪器设计与应用[M]. 北京:清华大学出版社,2016.
[39] 王超,王敏. LabVIEW 2015 虚拟仪器程序设计[M]. 北京:机械工业出版社,2016.
[40] 龙华伟,伍俊,顾永刚. LabVIEW 数据采集与仪器控制[M]. 北京:清华大学出版社,2016.